AF452213

L'ART
DE LA TAXIDERMIE
AU XXe SIÈCLE

Lithographie montrant le montage d'un Éléphant en 1817. (Voir page 11.)

L'ART DE LA TAXIDERMIE

AU XXᵉ SIÈCLE

RECUEIL

DE

TECHNIQUE PRATIQUE DE TAXIDERMIE
POUR NATURALISTES
PROFESSIONNELS,
AMATEURS ET VOYAGEURS

avec 57 figures et 49 planches dans le Texte

par

le Dᴿ R. DIDIER

et

A. BOUDAREL

Préparateur au Muséum d'Histoire Naturelle de Paris

INTRODUCTION PAR LE Dʳ E. L. TROUESSART

Professeur au Muséum d'Histoire Naturelle de Paris

PAUL LECHEVALIER

EDITEUR

12, RUE DE TOURNON, PARIS VIᵉ

1921

INTRODUCTION.

La *Taxidermie* (de deux mots grecs qui signifient « préparation » et « peau »), est l'art de rendre aux animaux, dépouillés de leurs viscères et de leur chair, l'apparence de la vie, en ne conservant que la peau qui recouvre ces organes, de manière à faire figurer ces animaux sous leurs formes naturelles dans les Musées zoologiques. On peut dire que c'est un art tout-à-fait moderne, ne remontant pas au delà de la fin du XVIIIe siècle, car les Naturalistes de l'antiquité et du moyen-âge, ne semblent pas s'être préoccupés de conserver la dépouille des animaux dont ils ont écrit l'histoire.

Sans doute, les anciens ont connu divers procédés, plus ou moins parfaits, pour préparer et conserver les peaux destinées à servir de vêtements, de tapis, ou pouvant être utilisées pour d'autres usages, mais ces procédés n'étaient pas destinés à faire mieux connaître ces animaux, et les naturalistes ne paraissent pas en avoir tiré parti pour perfectionner leurs connaissances en zoologie. Ces procédés sont restés du domaine de l'industrie domestique.

Nous savons que l'homme primitif, avant l'époque historique, utilisait la peau des mammifères qu'il tuait à la chasse pour se garantir contre le froid, et il est très vraisemblable que l'expérience lui avait déjà enseigné des procédés de *tannage* et de *mégissage* très simples pour conserver ces fourrures et les rendre plus souples, bien que nous ignorions les procédés dont il se servait. Les sauvages modernes usent, sans doute, de procédés analogues, et les explorateurs, éloignés des ressources de la civilisation, inventent quelquefois des moyens de fortune pour obtenir le même résultat. En voici un exemple.

Dans le récit de son voyage dans l'Afrique australe, en 1795, Le Vaillant nous apprend qu'il se servit de cendres de bois pour dessécher la face interne de la peau de la première Girafe qu'il rapporta. Cette peau fut ensuite étalée sur un échafaud, à l'ombre, et y resta six mois, sans être endommagée. Pour lui rendre sa souplesse, Le Vaillant la fit tremper dans la rivière pendant quelques heures, puis l'imbiba d'une décoction de tabac, camphre et savon, ce qui permit de la plier et de l'emballer, formant un colis de plus d'un mètre cube.

Les procédés de conservation, qu'employaient les anciens Egyptiens pour embaumer les cadavres, nous sont incomplètement connus. On sait cependant qu'on lavait le corps avec du vin de palmier; les viscères étaient extraits par les ouvertures naturelles et remplacés par des poudres aromatiques, et la peau était couverte de natron (sesquicarbonate de soude); au bout de 70 jours, on séchait le corps, puis on l'enveloppait étroitement de bandes de

1*

toile de lin imprégnées de résine, comme on peut le voir sur les momies conservées au Musée du Louvre. De nos jours, Gannal et ses imitateurs ont perfectionné ces moyens en employant des bains d'alcool et des injections, faites par la carotide, de solutions d'acétate ou de sulfate d'alumine et de chlorure de zinc. Mais ces procédés n'ont qu'un rapport éloigné avec la Taxidermie proprement dite.

L'usage des peaux employées comme vêtements, comme couvertures ou comme tapis, était peu répandu chez les anciens Grecs et Romains qui habitaient la région méditerranéenne où la température de l'hiver est relativement douce; des robes et des manteaux de tissus de laine leur suffisaient d'ordinaire, et le port des fourrures passait pour une mode des peuples barbares. Mais dans le nord de l'Europe et de l'Asie, depuis la Scandinavie jusqu'à la Chine, l'usage des fourrures remonte à la plus haute antiquité, comme une nécessité pour combattre le froid qui s'y fait sentir pendant la plus grande partie de l'année.

Au moyen-âge, par suite de l'extension du commerce, les fourrures que fournissaient surtout les animaux tués dans les régions boréales, pénétrèrent dans l'Europe occidentale, et la mode s'en répandit en France au point que le roi Philippe le Bel, par une ordonnance de 1294, en interdit l'usage aux simples bourgeois. L'*hermine*, le *vair*, le *contre-vair*, trouvèrent place dans les figures du blason, employés comme fourrures ou *pannes*. Quant aux trophées de chasse, dépouilles de cerfs et de sangliers, qui décoraient et décorent encore les murs des galeries des châteaux, cet usage remonte également aux premiers siècles du moyen-âge.

Par contre, les anciens ne paraissent pas avoir senti l'utilité de conserver la dépouille des animaux dans un but scientifique. On ne connaissait pas les Musées d'Histoire naturelle, car le « Musée » que Ptolémée Soter entretenait à Alexandrie ne renfermait que des animaux vivants, dont il ne semble pas que l'on eut l'idée de préparer la peau après leur mort en lui rendant la forme que ces animaux présentaient pendant leur vie.

Aristote, Pline et les autres écrivains qui se sont occupés de l'histoire des animaux sauvages dans l'antiquité, ne disent rien qui se rapporte à ce sujet, mais il est certain que dès cette époque on disséquait les animaux pour examiner leurs viscères. Ainsi nous savons que l'anatomie du *Pithèque* ou Magot, singe du nord de l'Afrique que l'on apportait souvent à Rome, fut longtemps décrite comme celle de l'Homme à une époque où l'ouverture des cadavres humains était interdite par les préjugés religieux.

Au moyen-âge les Alchimistes, les Sorciers et les Nécromanciens, pour frapper l'imagination des profanes qu'ils admettaient dans leur cabinet de travail, en décoraient les murs de dépouilles d'animaux inconnus du vulgaire et préparés par des procédés souvent très primitifs. Plus tard ces dépouilles trouvèrent leur place dans les collections des amateurs de « Curiosités » et dans les magasins des Antiquaires, où elles voisinaient avec les armes et les armures rouillées des anciens chevaliers, abandonnées par suite de l'invention de la poudre à canon.

C'est là que l'on voyait encore au dix-huitième siècle, dans ce qu'on appelait le « Cabinet » d'un « Antiquaire » érudit, et dans un désordre qui n'était pas toujours un effet de l'art, des « Sirènes » fabriquées en cousant le tronc d'un singe à la queue d'un poisson, des dents de « Licorne de Mer » représentées par l'espadon d'un Cétacé (Narval) des mers arctiques, des racines de Mandragore, des coupes creusées dans la corne nasale du Rhinocéros, alternant avec des écailles de Tortues, des Crocodiles et des Boas desséchés et bourrés de paille, et c'est vraisemblablement de cette époque que date le terme d'« empailleur » que le vulgaire applique encore au Taxidermiste moderne.

Les amateurs ayant des goûts scientifiques bannissaient de ce fatras tout ce qui n'appartenait pas à l'histoire naturelle proprement dite. L'illustre Réaumur, mort en 1757, auteur d'une *Histoire des Insectes* en six volumes, avait un « Cabinet », ou Collection d'histoire naturelle, admiré, paraît-il, de ses contemporains, mais dont un Naturaliste du siècle suivant, en 1825, parle avec peu d'éloges comme ne représentant « que des dépouilles informes, des peaux de mammifères écorchées et simplement bourrées, des peaux d'oiseaux suspendues, par un fil traversant les narines, aux parois des salles . . . . . » Néanmoins, à cette époque, qui est celle de Buffon, on savait déjà dresser une peau de quadrupède sur ses pieds en les fixant à un support, accrocher un oiseau empaillé par ses pattes à un perchoir simulant une branche d'arbre, mais on était encore loin d'une perfection, même relative, dans l'art de rendre à la dépouille des animaux les apparences de la vie. C'est dans le dernier tiers du XVIIIᵉ siècle qu'une véritable révolution s'opéra dans l'art de la Taxidermie, par l'invention du Savon arsénical de Bécœur qui supplanta, avec avantage, toutes les autres préparations employées jusque là pour la conservation des spécimens d'histoire naturelle.

Bécœur (Jean-Baptiste), né à Metz en 1718, mort dans cette même ville en 1777, pharmacien, — ou apothicaire comme on disait à cette époque s'était formé une collection d'Oiseaux d'Europe « la plus nombreuse et la mieux conservée que j'aie jamais rencontrée, » dit Le Vaillant qui la visita vers 1770. Toutes les peaux de cette collection étaient préparées suivant la méthode que Bécœur décrivit dans un « *Mémoire instructif sur la manière d'arranger les Animaux* », publié dans le Journal Encyclopédique (17.. ?), en se servant du Savon qui porte son nom.

En même temps, le goût des naturalistes s'étant épuré, on commença à chercher le moyen de donner aux dépouilles des animaux une forme moins primitive que celle dont on s'était contenté auparavant et qui rappelât davantage celle qu'ils avaient pendant leur vie,

Le bourrage des peaux avec de la paille ou de l'étoupe ne donnant qu'un résultat insuffisant, surtout pour les grands animaux, on substitua à ces substances des mannequins ou des moules de bois ou de carton, soutenus par des tiges de fer, et sur lesquels on cousait la peau.

Dans les temps modernes, ces procédés se sont perfectionnés. Certains Musées, notamment celui de Leyde, en Hollande, ont adopté le carton-pâte qui se moule facilement, comme le plâtre.

La méthode dont on se sert actuellement au Muséum de Paris est différente et due à l'expérience et à l'imagination artistique de M. Terrier, chef des travaux de Taxidermie de cet établissement. Ce procédé est en même temps simple et pratique, et s'applique à tous les grands mammifères au-dessus de la taille d'une Chèvre ou d'un Daim. On le trouvera décrit en détail dans le présent traité. Contentons nous d'indiquer ici les principes qui lui donnent son originalité.

Une planche découpée suivant la silhouette du tronc de l'animal et portée verticalement sur quatre tiges de fer, forme la base du *montage* qui remplace l'antique empaillage; une cinquième tige soutient le cou et la tête; des toiles métalliques à mailles étroites se rattachent à la planche et figurent les flancs bombés par la saillie des côtes et du ventre. Sur ce faux squelette, des touffes d'étoupe, trempées dans le plâtre, sont appliquées pour remplacer les muscles et l'on achève ce premier travail en moulant avec du plâtre toutes les saillies osseuses et musculaires que l'animal présentait pendant sa vie.

Sous cette forme, le montage ressemble à une statue de plâtre qui, lorsque le travail a été fait avec soin et quelque goût, pourrait figurer dans une exposition de sculpture. Il ne reste plus qu'à la revêtir de la peau qui, ramollie, et encore humide, sera appliquée sur le plâtre de manière à la faire adhérer étroitement, en la maintenant avec de fines pointes qu'on enlèvera quand la peau se sera collée en séchant.

Il va sans dire que pour obtenir un bon résultat dans un travail aussi délicat, il est indispensable de prendre à l'avance des mesures sur le sujet, plus précises encore que celles qu'un tailleur prend pour habiller son client. Quand le Musée est annexé à un Jardin zoologique, il convient que le Taxidermiste aille de temps en temps étudier les formes, le port et les allures des animaux vivants qui s'y trouvent, qu'il en prenne des croquis et des photographies, pour s'en servir lorsque, ces animaux étant morts, il aura à les préparer et à les monter pour le Musée. A plus forte raison, quand ces sujets sont portés à la salle de dissection, avant de les dépouiller, devra-t-il prendre sur le cadavre des mensurations très exactes, car les peaux détachées des chairs se rétractent d'une façon considérable.

Le livre que nous présentons aujourd'hui aux Naturalistes, n'est pas un ouvrage que l'on puisse lire à ses heures de loisir, comme un roman ou une relation de voyage, commodément assis dans un fauteuil. C'est un manuel pratique et didactique, destiné au préparateur taxidermiste, et que celui-ci devra ouvrir près de lui, pour le consulter, quand il aura sur sa table de travail un animal à dépouiller et à préparer. Il ne doit donc pas se laisser effrayer par les détails minutieux dans lesquels entre l'auteur, et qui, au premier abord, peuvent lui sembler inutiles et fastidieux. Qu'il soit bien persuadé qu'aucun de ces détails n'est superflu, qu'il se les grave dans la mémoire, et au bout de deux ou trois séances, il en reconnaîtra toute la valeur. Les excellentes figures que l'Editeur a prodiguées dans ce volume, contribueront grandement à lui rendre cet apprentissage moins pénible et même attrayant.

Avant de terminer cette introduction, il n'est pas hors de propos de dire quelques mots des soins qu'exige la conservation des collections zoologiques, même après la préparation la plus soignée et malgré la garantie qu'offre le Savon de Bécoeur sagement employé.

D'ailleurs on sait qu'à notre époque, et par suite des progrès de la science le nombre des peaux de Mammifères et d'Oiseaux qui s'accumulent dans les Musées est devenu tellement considérable qu'il est impossible, ou même contre-indiqué, de les monter toutes, et qu'on est forcé de les conserver dans des tiroirs ou des caisses, où elles se trouvent entassées et resserrées, ce qui les expose, peut-être encore plus que les montages des Musées, aux détériorations des Insectes. Il est donc nécessaire de veiller sans cesse à leur conservation et d'employer pour cela des produits chimiques que l'on peut considérer comme des succédanés du Savon arsénical, mais qu'on emploie sous une autre forme.

Les Insectes nuisibles aux peaux par leurs dégâts, doivent être bien connus, sous leurs diverses formes, du taxidermiste. L'auteur de ces lignes les a décrits dans un traité spécial[1]. Le plus redoutable est l'Anthrène des Musées (*Anthraenus musoeorum* L.), dont la larve est bien reconnaissable au gros pinceau de poils qui lui sert de queue.

Parmi les substances que l'on a préconisées pour défendre les collections contre l'attaque de ces dangereux parasites, il en est deux qu'il convient de rejeter sans hésitation: ce sont d'abord la naphtaline, qui s'est montrée tout-à-fait insuffisante pour cette protection, puis le formol qui rend les spécimens zoologiques cassants comme du verre et hors d'état de se prêter à toute préparation ultérieure. L'alcool pur doit lui être substitué, si l'on ne peut dépouiller l'animal immédiatement, ou si on veut le conserver entier.

Pour la protection des sujets rangés dans les vitrines et les tiroirs, on doit se servir de préférence de Camphre (dont le prix élevé restreint beaucoup l'emploi), de Benzine et surtout de Sulfure de Carbone, qui donne un excellent résultat, et que l'on utilise actuellement au Muséum de Paris. Ce dernier

---

[1] E. Trouessart, *Les Parasites des Habitations humaines*, 1 vol. in-12 de l'Encyclopédie des Aides-Mémoire, Paris, Masson Edit.

liquide exige quelques précautions: comme les gaz produits par sa volatilisation sont inflammables, on ne doit ouvrir les vitrines, les boîtes et les vases qui en contiennent qu'à la clarté du jour, et en s'abstenant de fumer, car le feu d'une simple cigarette peut suffire pour provoquer une explosion et un incendie.

Le *Nécrentôme* est une grande armoire fermant hermétiquement que doit posséder tout Musée de quelque importance. On y entretient des vapeurs de sulfure qui tuent les Insectes, et toute collection nouvelle, arrivant des pays chauds, doit y subir une quarantaine de cinq à six semaines, avant d'être mise en contact avec les autres sujets de la collection générale. C'est une précaution indispensable, car un petit nombre de sujets attaqués par les Insectes peut infester tout un Musée resté jusque là indemne de ces dangereux parasites.

Dr E. TROUESSART,
Professeur de Mammalogie et d'Ornithologie
au Muséum d'Histoire Naturelle de Paris.

HISTORIQUE ET AVANT-PROPOS.

Les hommes de notre époque de réalisations hâtives ne semblent pas devoir être disposés à accorder leur attention ou leurs faveurs à un art tout de délicatesse et d'élégance, un peu suranné peut-être et qu'on n'a vu trop souvent qu'à travers la poussière des collections et la sombre aridité des laboratoires.

La taxidermie, art de préparer et de présenter les animaux conservés en collections, ne remonte pas à une très haute antiquité, car on ne peut établir qu'un rapport très lointain entre la simple conservation des objets d'histoire naturelle, par momification, par les essais d'empaillage, par injections, dessication ou tannage des peaux, et l'art dans lequel sont passés maîtres quelques taxidermistes du XXe Siècle, basé tout entier, sur le maintien de la forme et des caractères de chaque espèce, avec le souci de la conservation des rapports avec le squelette, cette exactitude scientifique n'excluant pas l'élégance des attitudes et visant à donner l'apparence de la vie. Nous avons voulu, en résumant les procédés actuellement perfectionnés, utilisés au Muséum d'Histoire Naturelle de Paris, non seulement donner un manuel aux naturalistes, un guide pour les débutants et une source de renseignements utiles, où pourront puiser les voyageurs, mais tenter de faire revivre encore chez nous le goût d'un art qui en valait bien un autre; le chercheur d'Insectes, sa boîte verte sur le dos, et l'empailleur d'Oiseaux, homme à lunettes que les gamins montrent au doigt, ne semblaient plus que des estampes un peu jaunies par le temps, et pourtant, est-il de meilleure distraction, plus saine et plus instructive pour la jeunesse, que la recherche des objets d'histoire naturelle ?

Il est bon, en l'habituant à bien regarder, de nourrir l'intelligence de l'enfant de notions exactes et naturelles; elle aura, rendue libre et forte, toute facilité par la suite pour exercer son imagination. *Louis Figuier*, dont les livres ont nourri notre enfance, écrivait dans la préface de ses tableaux de la nature: « Je vais soutenir une thèse étrange. Je vais prétendre que le premier livre à mettre entre les mains de l'enfance doit se rapporter à l'histoire naturelle, et que, au lieu d'appeler l'attention admirative des jeunes intelligences sur les Fables de La Fontaine, les aventures du Chat botté, l'histoire de Peau d'Ane ou les douze travaux d'Hercule, il faut la diriger sur les spectacles naïfs et simples de la nature: la structure d'un arbre, la composition d'une fleur, les organes des animaux, la perfection des formes cristallines d'un minéral, l'arrangement intérieur des couches composant la terre que nous foulons sous nos pieds. » Il préférait l'histoire naturelle à la confusion mythologique où l'effarante fantaisie des légendes risque de créer autour des jeunes cerveaux une atmosphère de vertige, faite pour les désorganiser. Il nous semble, que l'on peut tout concilier et qu'il ne faut rien exagérer: laissons apprendre à nos enfants des fables, et ne négligeons pas les fées! Mais aussi, faisons leur aimer la nature et que la recherche des animaux à travers les bois et les campagnes, donne un but à leurs promenades.

L'histoire naturelle est de tous les âges, elle peut être une distraction et un repos, elle peut devenir la plus abstraite des sciences et servir de bases à des études approfondies.

L'homme mûr y cherche de quoi nourrir son esprit, le philosophe peut y puiser de profonds enseignements et le vieillard, en revoyant les collections glanées dans ses jeunes années, retrouvera sur les ailes passées des Papillons et des Oiseaux toute la douceur des souvenirs d'autrefois.

C'est vers 1750 seulement, que les premières tentatives de taxidermie ont été faites. Depuis la plus haute antiquité, les hommes ont été tentés par les essais de conservation du cadavre humain ou du corps des animaux. La momification des Égyptiens semble bien avoir été le plus ancien procédé utilisé. C'était en vérité une opération complexe; les corps éviscérés étaient desséchés par le sel et le natron, enveloppés dans de fines bandelettes de toile, englués de bitume et le ventre bourré d'herbes mêlées de baume avant d'être déposés dans les sarcophages: ils tentaient par tous ces moyens de lutter contre l'évolution de la destruction des tissus de l'homme: l'idée naturellement devait s'appliquer à la bête, et après avoir momifié les humains, on voulut conserver les animaux; on peut voir au Louvre et dans divers musées des momies animales faites au même modèle que les momies humaines, des Crocodiles, des Poissons, des petits Chats emmaillotés, des Ibis et des Eperviers. Mais toutes ces antiques momifications ne prolongeaient que la mort, alors que les premières tentatives de taxidermie devaient s'efforcer de faire durer la vie. Peu à peu les perfectionnements vont apparaître; on enfonce, avant de les faire sécher, dans les pattes des animaux, des tiges de fer pour les mieux maintenir, on les fixe sur des socles, des branches d'arbre, on s'essaye à leur donner des attitudes.

Vers 1750 environ, on pratique le dépouillage de l'animal, dans le but de lui donner une forme après avoir bourré le corps. Le Muséum de Paris possède des spécimens de cette époque; il y a parmi eux presque tous les types décrits par *Buffon*. Il est bon de remarquer, d'ailleurs, que dès le début, les naturalistes de cette époque ont trouvé le procédé (pour les Oiseaux et les petits Mammifères surtout) qui ne devait guère être modifié jusqu'à nos jours; des améliorations évidemment ont été apportées, l'armature métallique intérieure a été modifiée de façon à remplacer le squelette et à donner sous la peau la forme exacte du corps de l'animal, les procédés de conservation ont été perfectionnés, mais les grandes lignes sont restées les mêmes.

Les premiers essais de montage des grands Mammifères vont apparaître un peu plus tard.

Un *Couagga* fut monté sous Louis XVI; la peau était appliquée sur un mannequin de bois préparé d'avance. Puis une Girafe, rapportée du Cap par Levaillant, voyageur du Muséum, fut montée en 1820 par DELALANDE, qui fit une armature de fer, appliqua la peau par dessus et la bourra tant bien que mal; la tentative, à l'époque, était intéressante, en égards aux dimensions de la bête qui mesurait 5 mètres de haut. Dans les relations faites de ce montage, on rapporte que le naturaliste avait remplacé les parties manquantes de la dépouille de la girafe par des lambeaux de peau de veau.

Vers la même date, en 1817, un Eléphant de l'Inde fut monté, que l'on peut voir encore dans les galeries du Muséum. A ce montage se rapporte une lithographie de l'époque, appartenant au laboratoire de Mammalogie du Muséum (planche 1). On y lit cette inscription: « Dessin représentant une fête qui a eu lieu dans la charpente exécutée par M. Lassaigne, mécanicien employé au Jardin du Roi, pour recevoir la peau de l'Eléphant femelle(1817). Vingt et un employés de cette administration se sont réunis dans l'intérieur de cette charpente où ils ont fait un banquet que la gaieté présidait. » La charpente en bois de l'animal en question est intéressante par l'exactitude de ses proportions; cette méthode était d'ailleurs avantageuse, par les garanties qu'elle a données, puisque ce montage, plus de cent ans après, subsiste encore absolument intact.

Vingt cinq ans plus tard, en 1842, une autre Girafe fut montée par POORTMAN; on peut marquer une nouvelle étape dans le montage des grands Mammifères, tendant à le perfectionner: le dessin du profil du corps de l'animal fut exécuté grandeur naturelle sur un mur des anciens ateliers de menuiserie du Muséum; de forts madriers de bois furent découpés d'après ce dessin par LASSAIGNE, puis sculptés par POORTMAN. La peau fut appliquée sur cette sculpture sur bois, et le montage ainsi exécuté subsiste encore aux Galeries du Muséum. POORTMAN monta par le même procédé un Gorille qui avait été rapporté en entier dans un vaste tonneau de tafia; avant de faire le montage, il exécuta une maquette de terre glaise, dont il reste un moulage, de l'animal suspendu à une branche; M. Geoffroy St Hilaire fit monter l'animal debout, pour mieux comparer sa taille à celle de l'homme. Nous donnons ci-joint la reproduction du montage (planche II) et de la maquette conservée au laboratoire de Mammalogie; sur la maquette, l'animal ne porte pas trace de poils, le gorille les ayant perdus complètement pendant le transport dans l'alcool; les poils recueillis dans le fond du tonneau furent recollés sur la peau quand le montage fut terminé.

Quelques années plus tard, d'autres montages furent exécutés en conservant le squelette complet de l'animal. Sur le squelette, des touffes de foin et de paille serrées avec une grande aiguille courbe et de la ficelle étaient appliquées, représentant les muscles.

Puis le squelette fut remplacé par une carcasse de bois composée d'une silhouette en planches sur laquelle s'arrondissaient des cerceaux de bois, les muscles étant toujours remplacés par la paille et le foin. D'autres essayèrent de modeler complètement le corps de l'animal en terre glaise; un moule était fait ensuite dans lequel était tirée une épreuve en pâte de carton, et sur ce carton moulé était collée la peau. Ce genre de montage est encore exécuté à l'heure actuelle, en Angleterre et en Hollande où les Chevaux montés qu'utilisent les marchands de harnais sont exécutés de cette façon. S'inspirant de ce procédé, QUENTIN fit le montage d'un Hémione, modelant en terre glaise de la même façon, mais recouvrit son modelage de papier collé sur la terre, puis appliqua la peau par dessus. Cette méthode défectueuse a été vite abandonnée, pour être remplacée par le bourrage au « mannequin » en foin, encore utilisé de nos jours dans le commerce. Et nous arrivons aux méthodes actuelles: c'est M. TERRIER, encore actuellement chef des travaux de taxidermie au Muséum, qui, en 1894, tenta d'utiliser, pour le montage des grands Mammifères, le plâtre à modeler; cette idée lui vint alors qu'il exécutait le mannequin en foin d'un Buffle qu'il montait. L'armature de ce mannequin fut faite à l'aide d'une silhouette en bois complétée par des cerceaux; les os furent copiés en bois sur les ossements de l'animal, dont le squelette entier fut conservé au laboratoire d'anatomie comparée (planche III)[1]. Sur cette armature de bois, le mannequin fut complété par des mèches de foin liées entre elles par des fils passés avec de grandes aiguilles (planche IV)[1]. Il avait fait une maquette en terre de ce Buffle vivant à la ménagerié, et d'après cette maquette, pour reproduire sur son mannequin de foin exactement la forme des saillies musculaires, il se servit de plâtre; l'essai était heureux, car le Buffle que l'on peut voir dans les galeries du Muséum est un véritable chef d'œuvre de montage (planche V). C'est à M. TERRIER, qui est également un sculpteur de grand talent, que l'on doit la base du procédé qui de nos jours donne le plus de garanties de solidité et de précision dans la forme.

Le procédé actuellement employé et que nous décrirons tout à l'heure est un perfectionnement, apporté lui aussi par M. TERRIER à son procédé type: silhouette en bois du corps de l'animal, armature de fer, toile métallique recouverte de mèches de plâtre et peau appliquée par dessus.

On voit combien est intéressante l'étape suivie par les naturalistes pour aller des procédés informes du début à la méthode précise, scientifique, qui semble, tant elle est parfaite, ne plus pouvoir être perfectionnée. Les transformations qu'a subies cet art ont été essentielles, loin de l'époque où on bourrait de paille la panse des Mammifères et de sable le ventre des Lézards, où des animaux boudinés, gonflés comme des outres, avec les yeux louches et les pattes raidies, tous alignés comme au port d'arme dans des vitrines désuètes, ne laissaient qu'une impression d'ennui, de laideur et d'inélégance.

---

[1] D'après l'Illustration N⁰ 2741. Septbre 1895 pages 200 et 201.

Fig. 1 à 15.

A l'heure actuelle, nous essaierons de le montrer dans les pages qui suivent, la taxidermie se base sur des données scientifiques et précises, et ce n'est que comme complément, l'exactitude anatomique solidement établie, que le côté artistique intervient. C'est d'ailleurs un art difficile, il faut l'avoir pratiqué pour le savoir. Le taxidermiste doit être un naturaliste, un biologiste averti, il doit être artiste et adroit, il lui faut un ensemble de qualités si variées, qu'il existe entre lui et l'empailleur de 1750, le même abîme qu'entre le barbier du XVᵉ siècle et le chirurgien moderne.

L'histoire naturelle, tributaire de la taxidermie, lui doit beaucoup. Lesson, dans son traité sur la taxidermie, a dit: « Ce n'est que lorsque les principaux procédés de taxidermie furent créés que les naturalistes purent compter sur la représentation matérielle et durable de l'objet de leurs études ».

Puisse notre ouvrage servir aux naturalistes, et souhaitons qu'il aide à développer chez nous le goût de l'histoire naturelle. L'histoire naturelle n'est point une science morte, en France elle a brillé d'un trop vif éclat pour s'éteindre, il faut espérer qu'avec les générations futures elle reverra, évoluant sur de nouvelles bases, un peu de ce lustre passé.

INSTRUMENTATION.

Il faut distinguer les instruments nécessaires au dépouillage et à la mise en peau des animaux et ceux qu'il faut pour le montage.

1° — *Pour le dépouillage*: des scalpels, gros et petits (fig. 1 et 2); des couteaux de bouchers, grands et petits (fig. 3 et 4); des ciseaux, grands, petits à bouts ronds et à bouts pointus (fig. 9, 10 et 11); des pinces brucelles, grandes, moyennes, petites, à bouts ronds et à bouts pointus (fig. 5, 6, 7 et 8); des cure-crânes (fig. 12); un sécateur (fig. 13); deux scies chirurgicales, grande et petite (fig. 16, 17).

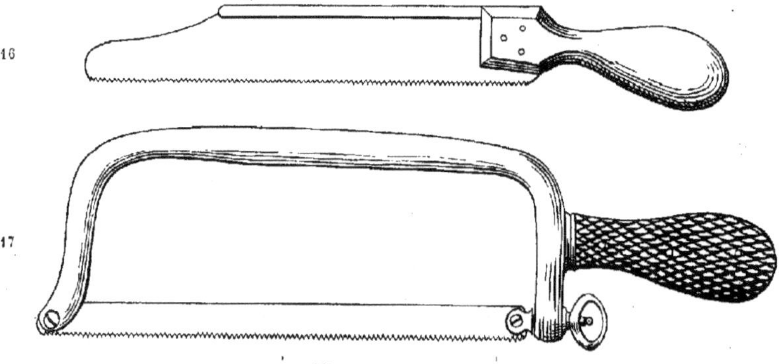

Fig. 16. 17.

2° — *Pour le vidage des œufs*: des forets (fig. 14) et des pipettes (fig. 15).

Fig. 18 à 23.

3° — *Pour le montage*: des pinces coupantes, grandes et petites (fig. 27, 28); des pinces plates, grandes et petites (fig. 24, 25, 26); des tenailles; des

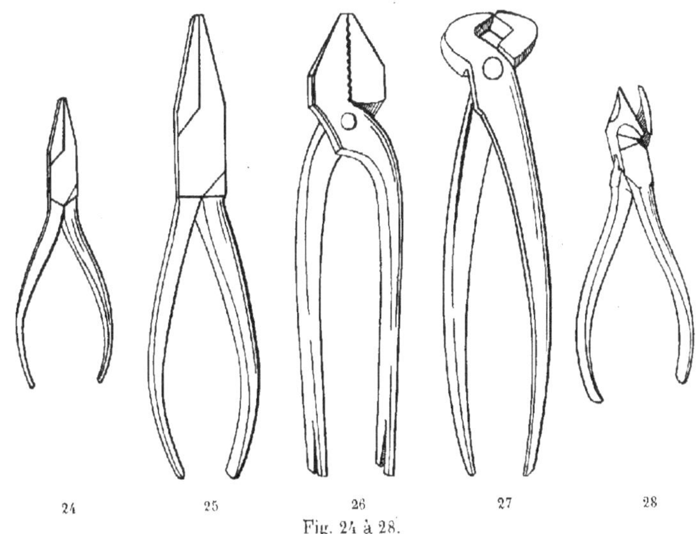

Fig. 24 à 28.

limes et des râpes à bois de plusieurs tailles; des vrilles correspondant à tous les numéros de fil de fer; des scies; une scie à main et une scie ordinaire; des alènes et des poinçons grands et petits (fig. 32 à 36); des carrelets triangulaires grands et petits (fig. 29, 30, 31) un marteau et des clous de différentes tailles; des épingles; des maillets de bois, ronds et plats; des pinceaux, des bourroirs en fer (Fig. 18, 19, 20) et en bois (fig. 21, 22, 23); un chevalet de tanneur (fig. 41); un tranchant (fig. 40); un grattoir (fig. 39); des petits grattoirs (fig. 37 et 38) un « télégraphe » (fig. 42).

Matériaux. — Pour le montage et la mise en peau des animaux, il faut avoir des étoupes (de lin, de chanvre et de coton); du foin ordinaire, bien sec,

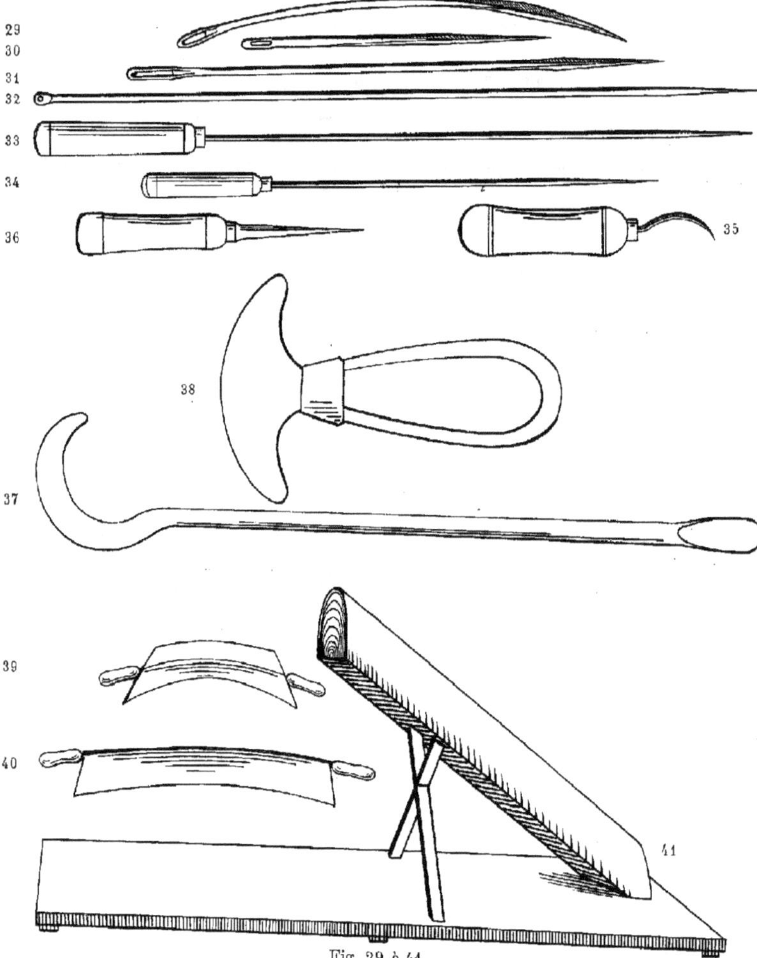

Fig. 29 à 41.

pour les gros Mammifères, et pour bourrer le corps des animaux moyens. On peut utiliser pour le bourrage l'étoupe seule, et aussi mélangée à du plâtre à mouler, ce qui donne une sorte de *staff*, dont nous verrons l'emploi tout à l'heure. Il faut employer des fils de fer *recuits* dans le but d'être plus malléables; il faut en avoir de tous les numéros afin de bien proportionner leur grosseur à la taille de l'animal à préparer. Voici un tableau des numéros de fil de fer à choisir, en rapport avec les divers animaux à monter. On se servira pour en trouver les numéros, de la filière dite *Jauge de Paris*.

Iº OISEAUX.

Nº 0 — Oiseaux-mouches et Colibris.

Nº 1 — Troglodytes, Pouillot, Roitelet.

Nº 2 — Chardonneret, Linotte, Mésange, Fauvette.

Nº 3 — Moineau, Verdier, Pinson, Bouvreuil, Rossignol.

Nº 4 — Pinson royal, Alouette, Pie-grièche, Martin-pêcheur, Martinet.

Nº 5 — Merle, Guépier, Jaseur de Bohême, Sansonnet.

Nº 6 — Grive, Bécassine, Coucou.

Nº 7 — Râle, Petit-Duc, Pic-vert, Tourterelle.

Nº 8 — Pie, Geai, Pluvier doré, Épervier, Combattant.

Nº 9 — Hirondelle de mer, Avocette, Echasse, Sarcelle, Pigeon.

Nº 10 — Mouette, Ramier, Perdrix.

Nº 11 — Corneille, Poule d'eau, Faucon.

Nº 12 — Effraye, Busard, Lagopède, Tétras.

Nº 13 — Canards de petite espèce, Faisan doré, Moyen-Duc.

Nº 14 — Faisan argenté, Foulque, Poule d'eau de taille moyenne.

Nº 15 — Coq, Pintade, Buse, Plongeon.

Nº 16 — Goéland, Butor, Héron, Grand Courlis.

Nº 17 — Eider, Grand Goéland.

Nº 18 — Oie sauvage, Cigogne.

Nº 19 — Dindon, Aigle, Grand Tétras.

Nº 20 — Grue, Outarde.

Nº 21 — Cygne, Pélican.

Pour les Autruches, Casoars, Nandous, on proportionnera la grosseur du fil de fer à la taille de l'Oiseau.

2º MAMMIFÈRES.

Nº 1 — Musaraigne, petit Campagnol.

Nº 2 — Souris, Loir.

Nº 3 — Mulot.

Nº 4 — Lérot, Taupe.

Nº 5 — Rat d'eau, Surmulot.

Nº 6 — Hermine, Belette.

Nº 8 et 9 — Écureuil, Hérisson.

Nº 12, 13, 14 — Putois, Vison, Furet, Lapin de garenne.

Nº 15 et 16 — Genette, Chat, Marmotte, Lièvre.

Nº 17 et 18 — Blaireau, Renard, Loutre, Castor.

Nº 20 et 21 — Loup et Chevreuil.

Nº 22 et 23 — Chamois.

Nº 25, 26, 27 — Sanglier et Biche.

Nº 28, 29 ou 30 — suivant la taille : Cerf.

Pour la queue, il faudra proportionner la taille du fil de fer à la longueur et à la grosseur du sujet; tandis que par exemple, le fil de fer destiné à soutenir la queue d'une Antilope sera très faible, pour un Carnassier ou certains Singes, il ne sera que d'un ou deux numéros inférieur à celui du corps.

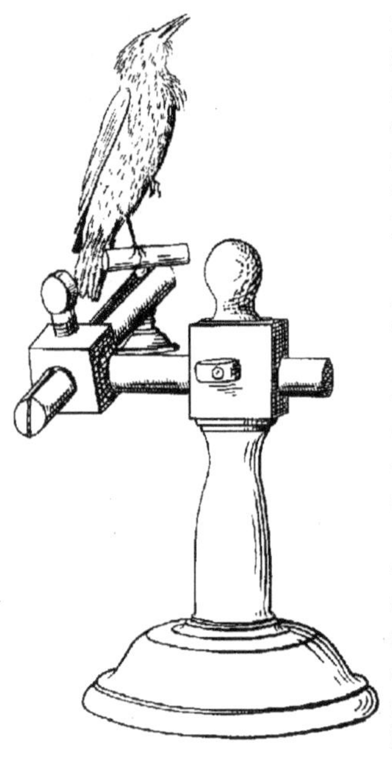

Fig. 42.

On remplace les yeux des animaux montés par des yeux de verre que l'on se procure chez les fournisseurs d'objets d'histoire naturelle. Il faut s'attacher à ce qu'ils aient exactement la taille, la forme et la couleur des yeux de l'animal vivant, que le chasseur aura dû noter sur l'étiquette.

On utilise, pour poser les Oiseaux et les aligner les uns près des autres dans une collection, de perchoirs tout préparés, proportionnés à la taille de l'Oiseau (fig. 43, 44). Les trophées de chasse, cornes, défenses ou têtes montées seront posés sur des écussons de bois (fig. 45) que l'on accroche contre le mur.

Le liège sert à imiter les rochers sur lesquels on pose les animaux montés, on peut aussi l'employer à la fabrication des crânes factices; (on peut aussi remplacer le crâne de l'animal par des moulages en carton, avec de fausses dentitions, fig. 46). Pour imiter des branches d'arbres sur lesquelles on peut percher les animaux, on utilise l'écorce de liège.

Il faut avoir de la peinture à l'huile ou à la colle pour peindre les socles, les plateaux et les perchoirs, et de la peinture en tubes pour redonner la couleur naturelle aux parties dénudées, desséchées des animaux montés. Le mastic de vitrier et la cire à modeler servent ou à reproduire les attitudes des animaux ou à remplacer certaines parties charnues; le mastic sert à fixer les yeux dans l'orbite.

PRÉSERVATIFS.

Pour la conservation des animaux, il faut utiliser des préservatifs, substances toxiques, antiseptiques et aromatiques, qui tout en opérant une dessication rapide et complète de la peau, destinée à lutter contre la chute des poils et des plumes, s'opposent à l'installation et au développement des larves d'insectes qui auraient tôt fait de détruire les animaux montés. Le préservatif le plus universellement employé est le *savon arsénical*; il ne faut en tout cas l'employer, comme nous le verrons plus loin, qu'avec de grandes précautions.

Il en existe des quantités de formules; en voici une qui, à notre avis, donne les meilleurs résultats:

Savon blanc	1000 grammes
Acide arsénieux	500 grammes
Carbonate de potasse	250 grammes
Camphre	50 grammes
Blanc de Meudon	1500 grammes

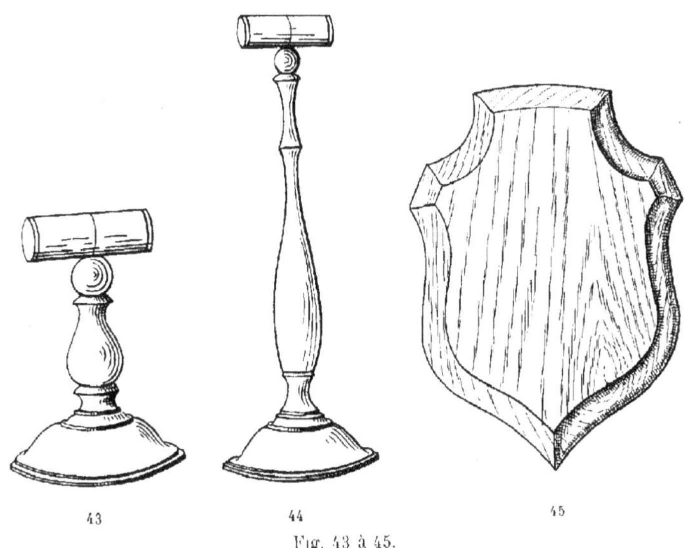

Fig. 43 à 45.

Il est bon, avant d'utiliser la préparation, de l'aromatiser en lui incorporant quelques gouttes d'essence de thym ou de serpolet.

L'*acide phénique* est un utile antiseptique, qui prévient et arrête les fermentations et l'infection des sujets, mais il est caustique.

L'*alun* et le *sel marin* seront utilisés pour le tannage des peaux. En voyage, l'alun sera employé en poudre, on l'applique à sec sur les peaux, ou alors, en cristaux, pour faire un bain dans lequel on laisse macérer la peau. En voici la formule:

Alun	1000 grammes
Sel marin	500 grammes
Eau	9 litres

Pour les Poissons, on ajoutera de l'acétate de soude.

L'alcool, ayant au moins 50° est un excellent préservatif pour les petits Mammifères qui pourront y baigner en entier.

L'*essence de térébenthine*, l'*essence minérale*, la *benzine* servent à dégraisser les poils et les plumes.

Le *plâtre de maçon* sert à l'asséchement des poils et des plumes lorsqu'ils ont été lavés, ou à l'absorption des graisses dissoutes par les essences.

Enfin pour la conservation des collections, le meilleur produit à employer est le *sulfure de carbone*; il ne faut l'employer que dans des armoires ou des boites closes hermétiquement, car il est volatil et très inflammable.

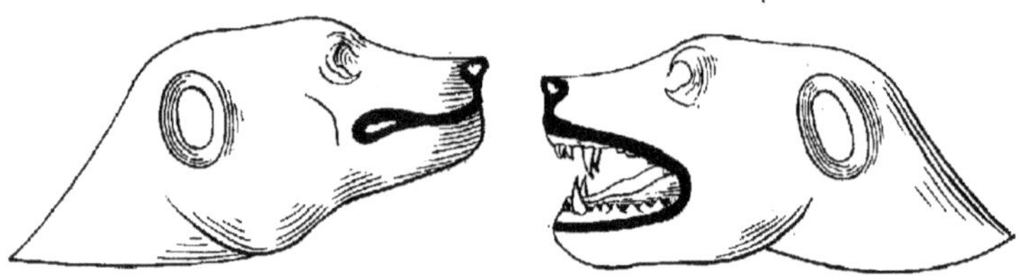

Fig. 46.

En outre on peut employer l'essence de thym ou de serpolet, la benzine et le camphre, qui protégent assez bien les collections contre l'envahissement des insectes. Il est bon de temps à autre, de vaporiser les animaux avec la solution suivante:

Alcool à 90°	500 grammes
Camphre	à saturation dans l'alcool
Essence de thym ou de serpolet	50 grammes
Benzine	500 grammes
Acide phénique cristallisé	20 grammes

PRÉPARATION DES OISEAUX.

Les mêmes principes généraux nous guideront pour préparer les Oiseaux et les Mammifères; mais, chez les Oiseaux, l'opération sera souvent plus délicate et quelquefois très difficile. Il faut agir avec beaucoup de méthode et prendre des précautions toutes particulières. Le débutant devra donc sans s'étonner sacrifier plusieurs spécimens avant d'obtenir un résultat satisfaisant.

Opérations préliminaires. — Pendant la chasse, dès que l'Oiseau est tué, on introduit un peu de coton dans le bec, afin d'éviter la souillure par tout ce qui pourrait sortir du bec, on le place ensuite dans un cornet de papier, la tête enfoncée la première. Les Oiseaux ainsi séparés les uns des autres ne risqueront pas d'être souillés, et les plumes si délicates éviteront les froissements. Aussitôt que possible, si les plumes sont maculées de sang, on les lave à l'eau pure. On se sert pour cela de coton ou d'une petite éponge. Si le sang a séché sur les plumes, on place sur les parties tachées, pendant une heure environ, de petits tampons de coton imbibés d'eau additionnée de quelques gouttes d'ammoniaque, on fait alors avec cette eau un premier lavage, puis un second à l'eau pure, lorsque toute trace de tache a disparu. Pour les Oiseaux dont les plumes sont souillées de boue, on peut utiliser le savon blanc.

L'Oiseau nettoyé, il faut sécher ses plumes, pour cela on l'entoure d'un linge bien sec pour exprimer l'eau, puis on le saupoudre de plâtre ordinaire qui absorbe peu à peu l'humidité. Le plâtre forme une croûte sur toute la surface du plumage, cette croûte disparaît en secouant l'Oiseau avec le manche d'un plumeau; on recommence à le saupoudrer de plâtre sec pour former une nouvelle croûte, que l'on fait disparaître comme la première, et ainsi de suite jusqu'à ce que l'Oiseau ait repris une apparence normale. Cette opération est délicate, il faut éviter que le plâtre adhère aux plumes, ce qui pourrait arriver, surtout lorsqu'on le saupoudre pour la première fois; il faut donc le secouer aussitôt et renouveler l'opération plusieurs fois, en soulevant les plumes avec les pinces, afin que le plâtre, pénétrant entre elles, les sépare au fur et à mesure de l'opération du séchage, pour leur rendre toute leur souplesse.

Il sera préférable d'utiliser du plâtre éventé, pour éviter tout accident. Ce plâtre peut servir très longtemps, presque indéfiniment.

Lorsque le plâtre manque (en voyage par exemple), on peut utiliser de la sciure de bois ou simplement faire sécher l'Oiseau au soleil, en ayant soin de remuer les plumes de temps en temps, de façon à ce qu'elles ne puissent adhérer les unes aux autres.

Cette opération terminée, avant de commencer le dépouillage, il faut noter exactement, tous les renseignements qui pourront être utilisés : la couleur de l'iris, du bec, des pattes et de toutes les parties dénudées du corps, s'il en existe. Le tout sera noté sur une étiquette, que l'on attache au pied de l'Oiseau.

Dépouillage. — Il faut dépouiller l'Oiseau, le plus tôt possible après la mort, de façon à éviter la putréfaction, qui enlèverait la beauté des plumes et risquerait d'entrainer leur chute, et aussi de les rendre, plus tard, plus vulnérables à l'action destructive des insectes.

On remplit de plâtre le bec de l'Oiseau, pour absorber le sang et éviter les souillures, puis on ferme le bec momentanément, par un fil passé dans les narines et noué sous la mandibule inférieure.

L'Oiseau est alors posé sur une table, sur le dos, la tête tournée vers l'opérateur. On écarte les plumes, à droite et à gauche de la ligne médiane, qui est souvent nue de la fourchette sternale à l'anus. On maintient ces plumes écartées, entre le pouce et l'index de la main gauche, pendant que de la main droite, on incise du scalpel, tourné la pointe en avant et le tranchant dirigé vers le haut (planche VI). Le scalpel glissant à travers les plumes ne risquera pas de les couper. La peau est incisée de la pointe du sternum à l'anus, et seulement la peau; il faut éviter soigneusement de blesser les muscles abdominaux et surtout le péritoine ou l'intestin.

Pour certains Palmipèdes: les Harles, Canards, Plongeons, Pingouins, Manchots et Grèbes, on fait au contraire une incision dorsale, de la même manière que l'incision du ventre, bien sur la ligne médiane et d'un bout à l'autre, les autres phases du dépouillage se succédant par la suite comme pour les autres Oiseaux. Cette incision dorsale est destinée à protéger le plumage abdominal, que la graisse si abondante chez ces Oiseaux risquerait de souiller. L'incision faite, on saupoudre la plaie de plâtre sec. Il ne faut pas craindre pendant tout le dépouillage d'utiliser le plâtre largement, il absorbe le sang, la graisse et tout ce qui pourrait s'écouler du corps de l'Oiseau.

On saisit les bords de la peau incisée avec les brucelles, ou tout simplement avec les doigts de la main gauche, et de l'autre main on décolle la peau du corps en dédolant, s'aidant du manche du scalpel (et non de la lame), qui glisse facilement dans les couches lâches du tissu cellulaire sous-cutané. On continue ainsi jusqu'aux cuisses que l'on arrive vite à dégager. Arrivé sur l'articulation fémoro-tibiale, on la fait saillir en dedans, on la dégage des parties voisines, puis on la sectionne avec le scalpel ou d'un coup de ciseaux, séparant ainsi le tibia et la patte du reste du corps (planche VII). On sépare de la même façon l'autre cuisse, en utilisant le plâtre après chaque désarticulation.

C'est en arrière ensuite qu'on va, toujours dédolant, poursuivre le dépouillage, on arrive au coccyx que l'on dépouille près de son extrêmité, en évitant de découvrir l'insertion des grandes plumes de la queue qui reposent sur lui. On sépare alors la queue, en laissant les dernières vertèbres attenantes à la peau (planche VIII), et l'on saupoudre de plâtre les parties détachées.

Cette opération doit se faire avec beaucoup de précautions pour ne pas déchirer la peau, surtout chez les Oiseaux très gras et à peau très délicate.

On soulève ensuite en l'empoignant de la main gauche le corps à demi détaché de l'Oiseau, et l'on retourne la peau de bas en haut; on remonte en dédolant tout le long du dos jusqu'à ce qu'on découvre les ailes, qui sont mises à nu à leur base comme les cuisses. On sectionne du scalpel ou des ciseaux l'humérus près de sa tête, avec les muscles et les tendons qui adhèrent encore au corps (planche IX).

Les deux ailes ainsi détachées du corps, celui-ci ne tient plus à la peau que par le cou, que l'on sépare en le faisant glisser par de légères tractions. On peut s'aider du scalpel pour détacher la peau par de petites incisions, jusqu'à ce que l'on arrive à la base du crâne; la peau du crâne est détachée jusqu'à la conque de l'oreille, mince membrane que l'on met à nu avec précaution; avec la pointe du scalpel, on fait sortir cette membrane de sa cavité pour la couper au ras du crâne à droite et à gauche; on continue de retourner la peau jusqu'à ce qu'on arrive aux yeux, très gros et saillants à l'ordinaire; on les dégage très soigneusement en ménageant les paupières qui sont souvent très adhérentes. On coupe les paupières au ras de la cornée, de façon à ne pas les endommager. Il faut éviter aussi de crever les yeux qui répandent un liquide qui risque de souiller les plumes de la tête.

On continue de saupoudrer sans cesse la peau de plâtre. On poursuit le dépouillage jusqu'à la racine du bec, sans en détacher la peau.

On sépare alors le crâne du cou en y taillant trois incisions: une de chaque côté des mandibules, le long du bord interne du maxillaire inférieur et une troisième sur la base du crâne, reliant les deux autres (planche X). Ces incisions sont faites avec des ciseaux pour les petits Oiseaux et à l'aide d'un sécateur pour les gros Oiseaux; on n'a plus qu'à tirer sur le cou qui part avec le corps, entraînant avec lui la face postérieure du crâne, la langue, l'œsophage et les muscles du pharynx.

Ces opérations terminées, le corps est totalement détaché de la peau; il faut avoir soin, avant de s'en débarrasser, d'ouvrir l'abdomen, de vérifier le sexe de l'Oiseau[1] et d'inciser l'estomac pour noter le contenu gastrique. Ces renseignements seront inscrits sur l'étiquette.

Chez certaines espèces d'Oiseaux (Canards, Flammants, quelques Perroquets, etc.) le calibre du cou étant d'un diamètre plus étroit que celui du crâne, et la peau ne pouvant être rabattue jusqu'à la base du bec, on retourne la peau vers le crâne le plus loin possible, et on sectionne le cou très près du crâne; on remet ensuite en tirant sur le bec la peau en place, puis on fait sur la face postérieure du crâne et sur la ligne médiane une incision de la longueur du reste des vertèbres du cou; on n'a plus, par l'incision, qu'à extraire ces vertèbres, et à continuer ensuite le dépouillage de la tête comme chez les autres oiseaux.

La tête de certaines espèces de Rapaces nocturnes (Grand Duc, Hibou, Effraie, etc.) réclame également un dépouillage spécial. Lorsque, le cou retourné, on arrive à la conque de l'oreille, au lieu de la sectionner, on la laisse adhérente au crâne et on continue à décoller la peau jusqu'à la racine du bec; les yeux énormes sont extirpés, ce qui aide à terminer le dépouillage de la tête. On arrive, en laissant les oreilles adhérer au crâne, à conserver le caractère que présente la tête de ces Rapaces.

Chez les Oiseaux qui possèdent des caroncules, on les dédouble soigneusement, en glissant la pointe du scalpel le plus loin possible entre les tissus; ce dédoublement est destiné à permettre plus tard, au moment du montage, de remplir de cire ou de mastic ces caroncules, afin de leur donner une apparence naturelle.

Puis on n'a plus qu'à terminer le nettoyage du crâne; on le vide de la matière cérébrale, on extirpe les yeux et on enlève soigneusement du bout du scalpel, tout ce qui reste de chair; on gratte, en utilisant toujours le plâtre, sur la peau de la tête et du cou toutes les parcelles de graisse et de chair

---

[1] On distingue assez facilement les sexes, sachant que, chez le mâle, les testicules sont toujours symétriquement développés à droite et à gauche; chez la femelle, *l'ovaire gauche seul se développe normalement*, le droit s'atrophie: dans les cas rares où un œuf s'est développé à droite, cet œuf avorte. Chez la femelle adulte la grappe des œufs gonfle l'oviducte gauche.

(planche XI); on badigeonne le crâne de savon arsénical puis on le saupoudre de plâtre pour sécher et éviter de tacher les plumes. Les cavités orbitaires sont remplies d'un peu de coton ou d'étoupe coupée menue.

Sur la peau du cou on applique de la poudre d'alun, avant de la remettre dans la position normale. Si la peau, pendant ces manipulations, s'était desséchée, il faudrait avant de la remettre en place, l'humecter pour la ramollir, de quelques gouttes d'eau pour éviter de la déchirer.

Pour remettre la peau de la tête en place, on pousse la base du crâne avec les doigts par des mouvements successifs jusqu'à ce que le bout du bec apparaisse, et puisse être attiré extérieurement. Aussitôt la peau retournée et appliquée sur la tête, on lisse les plumes, car il ne faut pas attendre pour le faire que la peau soit complètement desséchée.

Pour le lissage des plumes, on introduit les brucelles fermées dans l'intérieur du cou; on les passe entre le crâne et la peau, de façon à soulever la racine des plumes, qui reprennent aussitôt leur position naturelle. Puis, toujours du bout des mêmes pinces, on ouvre les paupières et on replace les plumes qui n'auraient pas encore repris leur place.

La tête organisée, on s'occupe des ailes. On fait saillir hors de la peau la tête de l'humérus, que l'on a tranchée tout à l'heure. On dépouille l'os totalement ainsi que le radius et le cubitus; il suffit d'éviter de détacher du cubitus les plumes qui y adhèrent. Les os soigneusement grattés sont badigeonnés de savon arsénical, saupoudrés de plâtre, et l'aile remise dans sa position normale, il faut avoir soin de lisser les plumes.

Chez les grands Oiseaux, il est impossible d'enlever totalement les muscles de l'avant-bras; il faut alors remettre l'aile en place, et faire une incision externe au milieu et sur la face postérieure de l'aile, dans le sens longitudinal. On enlève par cette incision, tout ce qui peut rester de chair, en évitant de détruire l'insertion des pennes sur l'os (planche XII).

On dépouille ensuite les pattes, que l'on retourne jusqu'à l'articulation tibio-tarsienne; on nettoie le tibia, on l'enduit de savon arsénical, puis de plâtre et l'on remet le membre dans sa position naturelle, sans oublier de lisser les plumes.

Chez les grands Oiseaux, on fait sous la plante du pied une incision, qui permet d'extraire les tendons (planche XIII).

Il ne reste plus qu'à nettoyer la queue; on dissèque les os du coccyx, en évitant soigneusement de détacher les grandes plumes du coccyx et on extirpe la glande uropygienne. On enduit la queue de savon puis de plâtre et l'on remet le tout en place.

On passe ensuite en revue la face interne de la peau, que l'on débarasse soigneusement des lambeaux d'aponévrose et de muscles et de la graisse qui pourraient y adhérer encore. Ce travail est très important pour la conservation de la peau, il n'est pas toujours facile à exécuter, surtout chez les Canards, Pingouins, Grèbes, où la couche graisseuse est très abondante.

Pour bien exécuter le dégraissage de la peau, il faut la gratter avec le scalpel, en employant le plâtre qui aide à l'absorption des graisses.

Pour les grands Animaux, on complète le dégraissage en imbibant la peau de benzine ou d'essence de térébenthine; après ce nettoyage, on gratte de nouveau la peau en utilisant toujours le plâtre. On renouvelle cette opération jusqu'à ce que la peau soit absolument nettoyée, puis on la frotte pour bien la conserver, de poudre d'alun. Il arrive que pendant le dépouillage, quelques plumes peuvent être tachées, surtout le long des bords de l'incision. Il faut nettoyer ces taches avec de l'eau, quand ce sont des taches de sang, ou avec de l'essence de térébenthine, si ce sont des taches graisseuses. On sèche ensuite avec le plâtre.

Dépouillage des petits Oiseaux. — On peut, pour les très petits Oiseaux, utiliser un autre procédé, qui semble plus rapide et plus sûr. L'incision faite, on détache la peau de chaque côté, puis on enfonce les mors de la pince dans le corps, de chaque côté du sternum. L'Oiseau est ainsi maintenu de la main gauche par la pince, pendant que de la main droite, on fait basculer la peau du sternum, de façon à dégager les têtes des humérus, que l'on sectionne ainsi que la base du cou. On termine ensuite par le bas, on sectionne les tibias et la queue et on complète le dépouillage comme pour les autres Oiseaux.

Déchirures de la peau. — Il arrive parfois (surtout dans les débuts) qu'en dépouillant l'Oiseau, on a fait à la peau quelques déchirures; on les néglige si elles sont très petites; si ce sont des plaies plus importantes, le dépouillage terminé, on obture ces perforations par des sutures.

Les sutures sont faites à la face interne de la peau, de dedans en dehors et d'un bord à l'autre, en veillant au dehors à ce que le passage des fils ne dérange pas les plumes; dans le cas où cet accident arriverait, il faudrait de suite les remettre en place avec la pointe des brucelles.

Mise en peau. — La « mise en peau », sorte de préparation d'attente, donne à l'Oiseau, en attendant que le montage puisse être pratiqué, une forme sommaire. On peut d'ailleurs conserver des collections d'Oiseaux simplement mis en peau, qui ont l'avantage de tenir moins de place dans des cartons, et de réunir en plus grand nombre les spécimens de chaque espèce, suivant les différentes variations de plumage, de sexe, de sous-espèces et variétés locales. Cette façon de faire est de règle en voyage.

Il est bon que la mise en peau soit faite avec le plus grand soin, car c'est d'elle que dépendra plus tard la valeur du montage et la bonne conservation des spécimens. Si l'Oiseau a été mal mis en peau, les plumes mal lissées, il sera très difficile, au cours du montage, d'arriver à lui donner une forme convenable et de replacer les plumes dans leur position normale.

Nous reprenons l'Oiseau après le dépouillage; il faut aussitôt après, faire la mise en peau ou le montage sans laisser à la peau le temps de se dessécher. S'il fallait remettre au lendemain ces opérations, la peau serait enveloppée dans un linge légèrement humide ou posée sur du sable mouillé dans une boite en bois fermée.

La peau dépouillée a été saupoudrée sur toute sa surface de poudre d'alun, les os enduits de savon arsenical; il ne faut pas, contrairement à ce que certains auteurs préconisent, enduire la peau de savon arsenical avant de pratiquer la mise en peau, car plus tard, au ramollissage, cette peau risquerait de fermenter, tandis qu'avec l'alun, il s'opère un tannage qui fixe les plumes au cuir.

L'Oiseau étant placé sur le dos, on commence le bourrage par les pattes; on tire le tibia en dedans pour l'enrouler de coton ou d'étoupe, de façon à remplacer les muscles et rendre à la jambe sa forme et son volume; puis la cuisse ainsi modelée, on tire sur la patte pour tout remettre en place. Les deux pattes sont ainsi refaites; il faut avoir soin de bien lisser les plumes qui les recouvrent. Tout en observant la forme, il est préférable, pour toutes les parties du corps, de se tenir légèrement au dessous du volume de l'Oiseau en chair, ce qui facilitera par la suite les manœuvres destinées à remettre plus facilement la peau en place. On s'occupe ensuite des ailes; on entoure l'humérus de coton ou d'étoupes comme on l'a fait pour le tibia; puis on passe entre le radius et le cubitus un fil ou une ficelle suivant la taille de l'Oiseau, et au tiers moyen du radius ce fil est noué sur l'os; on rabat ensuite l'humérus sur le radius, on les réunit par le même fil. Ces deux os attachés ensemble donnent à l'aile la position du repos. On coupe un des deux chefs du fil, l'autre sera conservé pour fixer tout à l'heure l'écartement des deux ailes. On remet ainsi l'aile dans sa position normale en tirant bien la peau du coude pour la remettre en place.

Pour les Oiseaux dont la grosseur dépasse la taille d'un pigeon, on enroule un peu de coton ou d'étoupe coupée entre le radius et le cubitus. S'il a fallu faire sur la face interne de l'aile une incision pour le dépouillage, on la suture par quelques points de fil. On termine les deux ailes en lissant bien les plumes d'un côté et de l'autre. On noue alors ensemble les deux chefs des fils que l'on a attachés tout à l'heure, en s'efforçant de garder le même écartement, entre les deux humérus, que celui qui existait entre les ailes de l'animal en chair (planche XIV). Pour se rendre compte de l'exact écartement des ailes, on retourne l'Oiseau pour s'assurer que le parement du milieu du dos recouvre bien le parement des ailes sans laisser d'espaces dénudés.

Les ailes en position, il s'agit de donner au cou sa forme et sa grosseur normales. Pour ce faire, on prend un fil de fer ou une tige de bois ayant la longueur de l'animal, du sommet du crâne à l'extrémité des plumes de la queue. On enroule d'un côté de la tige des mèches d'étoupe, qui donnent une longueur et une grosseur égales à celles du volume du cou (planche XIV). On obtient une sorte de boudin qui doit être régulier. Pour éviter les aspérités de ce boudin, on le roule sur la table avec une petite planchette. On enduit légèrement l'extrêmité de ce boudin de savon arsenical, afin de lui faciliter son introduction dans la peau du cou et de pouvoir le glisser dans la cavité crânienne. Pendant cette manœuvre, il faut veiller à ne pas tirer sur la peau, de peur d'allonger le cou au delà de ses dimensions normales.

Pour les Oiseaux d'une certaine taille, on complète l'opération en bourrant légèrement d'étoupe ou de coton coupé très fin les joues et la face postérieure du crâne de façon à n'avoir entre le crâne et le cou aucune solution de continuité. Puis on passe tout le long de la face antérieure du cou, avec les longues pinces brucelles, une mèche d'étoupe bien préparée, bien cardée, que l'on glisse jusqu'à la base de la mandibule inférieure, de façon à redonner la forme du larynx. Si on avait pendant ce travail un peu trop allongé le cou, on le réduirait en appuyant sur la tête pour la repousser vers la queue.

Il ne reste plus qu'à remplir d'étoupe coupée la peau du tronc, en se servant des brucelles comme bourroir. On commence par le dos, en glissant l'étoupe sous la tige, puis on bourre la poitrine et l'abdomen. Il faut bourrer avec légèreté et bien également toutes les parties du corps sans dépasser les limites de son volume primitif et en suivant bien sa forme.

On n'a plus qu'à rapprocher les bords de la peau, que l'on maintient chez les Oiseaux d'une certaine taille, par quelques points de suture de deux en deux centimètres.

L'Oiseau est alors préparé, il ne reste plus qu'à lisser, à l'aide des brucelles, les plumes qui se sont retournées ou hérissées; puis on place les ailes fermées le long du corps et on allonge sur la queue les pattes que l'on attache avec un fil fixé à la tige de fer.

On enroule ensuite l'Oiseau dans une bande de papier assez large, que l'on fixe à l'aide d'une épingle, de façon à maintenir les ailes et les plumes collées au corps (planche XV). On attache aux pattes une étiquette, contenant tous les renseignements que l'on a pu prendre sur l'Oiseau: son *nom vulgaire, nom scientifique, sexe, date* de la capture, *localité*: la *couleur* de l'*iris* de l'*œil*, celle du *bec*, des *pattes* et des *parties dénudées* du corps s'il y a lieu, et le *contenu de l'estomac*. On laisse alors l'Oiseau sécher à l'ombre dans un endroit bien sec et aéré pendant quelques jours, suivant la taille de l'Oiseau.

Pour les petits Oiseaux au dessous de la taille d'un Merle, cette méthode peut être simplifiée sans nuire pour cela à l'aspect ni à la conservation de l'Oiseau. Les ailes et les pattes préparées comme il a été dit tout à l'heure, au lieu de faire une sorte de boudin pour former le cou, et bourrer ensuite le corps de l'Oiseau, on fait avec la tige de bois ou de fer un fuseau ayant la longueur et la grosseur du corps de l'Oiseau; on enfonce la pointe de ce fuseau dans la cavité cranienne, et l'on rapproche simplement par dessus les bords de la peau; on finit ensuite la mise en peau de la même façon que chez les autres Oiseaux.

Montage des Oiseaux. — Monter un animal, c'est lui rendre, après les opérations préliminaires de dépouillage et de préservation, la forme et l'attitude qu'il avait pendant sa vie; on peut arriver, nous verrons au prix de quels artifices, à en donner l'illusion presque complète.

On peut monter les Oiseaux en peau fraîche ou en peau sèche, suivant que l'opération est exécutée de suite après la mort et le dépouillage, ou beaucoup plus tard. Chaque fois que faire se pourra, le montage immédiat en peau fraîche, sera de beaucoup préférable, car d'une part le travail s'exécute plus aisément, d'autre part, les plumes gardant une fraîcheur et une plus grande légèreté, l'attitude de l'Oiseau n'en sera que plus souple et se rapprochera plus de la réalité.

Le montage n'est qu'une mise en peau très soigneusement faite, complétée par une armature métallique.

L'Oiseau fraîchement dépouillé, on commence par enduire largement les os de savon arsénical, plus abondamment que pour une simple mise en peau, cette préparation étant définitive.

On peut monter un Oiseau au repos, posé et les ailes repliées, ou en action, les ailes ouvertes.

Pour le montage « au repos », on attache les ailes comme dans la mise en peau (planche XIV), (voir page 26).

Pour les Oiseaux qui doivent avoir les ailes ouvertes, voici la technique qui est un plus peu longue: on prend deux tiges de fer d'une grosseur proportionnée à la taille du sujet (planche XVI); on étire soigneusement ces tiges. On calculera la longueur de chaque fil de fer, qui doit être égale à la longueur des os d'une aile, augmentée de la moitié de la largeur qui existe entre les deux têtes d'humérus; on laissera en plus quelques millimètres pour permettre de tordre ensemble les deux tiges. On affile à la lime l'extrêmité de chaque tige afin de faciliter le passage du fil de fer entre la peau et les os. On passe alors, l'un après l'autre dans les ailes, ces fils ainsi préparés; on fait suivre par le fil glissant sous la peau, toute la longueur des os de l'aile jusqu'à la naissance des dernières rémiges, puis, derrière la base de l'humérus, on replie le bout central du fil, on lui fait exécuter autour de l'os un demi tour de spire, et on le plie pour le placer à angle droit sur la tête de l'os (planche XVI). On enroule autour de l'humérus et de la tige de fer une mèche d'étoupe, que l'on serre fortement, de manière à obtenir le volume et la forme exacte des muscles du bras. On glisse ensuite avec les brucelles, entre les deux os de l'avant bras quelques morceaux d'étoupe coupée. On replace l'aile dans sa position naturelle, en ayant bien soin de mettre à sa place la peau du coude (planche XVII). On rabat, le long de l'humérus, ce qui reste de la tige de fer et on lisse soigneusement les plumes; on procéde pour l'autre aile de la même façon.

Pour les grands Oiseaux, nous avons pendant le dépouillage incisé la peau sur la face interne de l'aile, pour bien extraire les muscles; il faudra dans ce cas, l'aile remise en place, suturer à petits points cette incision, en bourrant légèrement avec de l'étoupe coupée, au fur et à mesure que la suture s'achève.

On va ensuite s'occuper du cou. On choisit un long fil de fer, bien étiré, de la longueur totale du corps, de la tête à l'extrêmité de la queue, avec quelques centimètres en plus. Ce fil de fer et celui des pattes seront un peu plus gros que celui des ailes. On affile à la lime une des extrêmités, et à quelques centimètres de cette extrêmité on roule une mèche d'étoupe, de façon à obtenir un boudin très serré et très uni, ayant le plus exactement possible le volume et la longueur du cou (planche XVI), il sera utile aux débutants de conserver comme comparaison pendant le montage, le corps enlevé au début de l'opération.

Le boudin cervical terminé, on l'humecte d'un peu d'eau et on le roule en tous sens sur la table avec une planchette de bois, de façon à le tasser, à le durcir, à en bien aplanir toutes les aspérités. On l'enduit de savon arsenical pour faciliter son passage à travers le cou. Il faut que le fil de fer glisse facilement dans le boudin, que l'on introduit doucement dans le cou. On perfore de la pointe effilée du fil de fer la boîte cranienne et on laisse sortir hors du crâne quelques centimètres de fil de fer; ce temps diffère de la mise en peau, où on ne doit pas perforer le crâne. La tige mise en place, on pousse le boudin jusqu'au fond du crâne (planche XVI). Avec les pinces, on bourre légèrement d'étoupes hachées les joues et le derrière du crâne afin de faire une liaison invisible avec le cou factice. Quand on monte les oiseaux, dont il a fallu inciser la face postérieure de la tête, pour dégager et dépouiller le crâne, on profite de cette incision pour bien bourrer la tête, on la suture ensuite à points séparés. Puis on glisse en avant et tout le long du cou une longue mèche d'étoupe bien cardée à la main, pour remplacer le larynx. Chez les grands Oiseaux (Flammant, Héron, etc.), Oiseaux au cou très long, dont le larynx se détache nettement, on fait un deuxième boudin de la grosseur du larynx, avec un fil de fer plus petit, et de la longueur du cou, que l'on introduit en avant du boudin cervical et que l'on solidarise avec lui.

Le cou terminé, on passe aux membres inférieurs. On choisit un fil de fer de la grosseur du corps et qui aura la longueur de la patte (tibia et métatarse), plus la moitié de la largeur du bassin et quelques centimètres nécessaires à la torsion des fers entre eux, avec, en plus, quelques centimètres sortant hors de la patte, nécessaires pour fixer l'Oiseau sur le perchoir. Il vaut mieux couper le fil un peu plus long que trop court; on affile une de ses extrêmités, puis, après avoir tourné la patte en dehors on glisse le fil de fer tout le long de la patte, entre l'os et la peau, à la place des tendons que l'on a retirés.

On perce la plante du pied et on laisse en dehors quelques centimètres de fil de fer. On enroule de l'étoupe autour du tibia et du fer pour remplacer

les muscles (planche XVI), puis on replace la patte dans sa position normale
en retournant la peau; les 2 pattes sont ainsi terminées, les plumes bien lissées
après chaque opération.

L'Oiseau est toujours sur le dos et le ventre ouvert, avec des tiges dans
les quatre membres et dans la tête, il va falloir réunir entre elles ces tiges
pour former la *carcasse* du corps.

On fait un anneau avec la tige du cou, en la tordant sur elle même,
un peu plus bas que le niveau des humérus. On plie ensuite à angle droit,
le fer de chaque aile, à quelques centimètres au dessus du niveau de la tête
de l'humérus, à la même hauteur que l'anneau fait à la tige du cou. Il faut
faire cet angle à une distance proportionnée à la taille de l'Oiseau, en général
au tiers de la longueur de l'humérus. Les fers des ailes sont introduits dans
l'anneau de la tige du cou et l'on écarte les têtes de l'humérus de l'anneau à
égale distance, de façon à obtenir le même écartement que sur l'Oiseau vivant
(planche XVII). Ceci fait, on serre avec une pince plate l'anneau en l'écrasant
sur lui-même et on relève temporairement vers le haut le reste de la tige.
On tord ensuite sur l'anneau les deux fers des ailes (planche XVIII). On
rabat alors la tige du cou vers le bas, faisant ainsi une seconde torsion avec
un des fers des ailes, puis une troisième torsion avec les deux fers des ailes
dont on coupe ensuite l'excédent.

On agit presque identiquement pour les pattes. On fait à la tige centrale
un deuxième anneau au niveau de la hauteur des têtes de tibias. On plie les
fers des pattes à angle droit au niveau de la tête des tibias et on introduit
les fers dans l'anneau de la tige centrale. On donne à chaque fer, de chaque
côté de l'anneau, un écartement qui réserve la longueur du fémur augmentée
de la moitié de la largeur du bassin (planche XIX). On écrase ensuite l'anneau
et on termine comme pour les ailes. On tire en arrière les pattes, pour étendre
la peau et introduire la base de la tige centrale dans le coccyx, enduit auparavant de savon arsenical. Cette tige devra toujours sortir au dessous et non
au dessus de la queue qu'elle doit soutenir (planche XX). On remet les
pattes en place en les remontant à angle droit sur le corps.

Lorsque l'Oiseau doit être monté au repos, et quand les ailes repliées
sur le dos ont été attachées avec un fil, on fait passer le fer du cou en avant
de cette attache et on n'assemble en les rattachant à la tige que les fers des
pattes, comme nous l'avons vu tout à l'heure.

Toute cette préparation qui semble fort complexe est en réalité très
simple; c'est une question d'habitude, le seul point délicat est de bien proportionner à la taille de chaque Oiseau la grosseur du fil de fer et de bien
ménager les rapports.

Pour le montage des grands Oiseaux, les tiges de fer étant trop volumi-
neuses pour subir une torsion, on doit recourir à un autre procédé: on prend
un morceau de bois carré ayant comme longueur la longueur du corps, mesurée

entre les têtes d'humérus et les têtes de tibias. Ce morceau de bois est scié
par le milieu, et les deux pièces sont maintenues ensuite par une tige de fer
(fig. 47), qui permet de donner au support une forme arrondie, ce qui chez
certaines espèces (Flammants, Oiseaux au vol), est indispensable pour rappeler
leur attitude.

A l'une des extrémités de la pièce on fait un trou dans lequel on passe
le fer du cou. Ce fer est recourbé et cloué sur le bois à la hauteur des têtes
d'humérus. Pour les Oiseaux montés les ailes ouvertes, on perce sur les faces
latérales de la pièce de bois deux trous, environ deux centimètres plus bas que
l'orifice du fer du cou. On y introduit alors les fers des ailes que l'on rabat
de côté sur le bois et que l'on fixe en les clouant, mais en conservant toujours
la distance nécessaire entre les têtes d'humérus. On perce ensuite à l'autre
extrémité, sur les faces latérales, deux autres trous, on y passe les fers des
pattes. Pour la queue on place un fil de fer, que l'on fixe en le clouant à
l'extrémité de la pièce de bois, sur sa face antérieure (fig. 47).

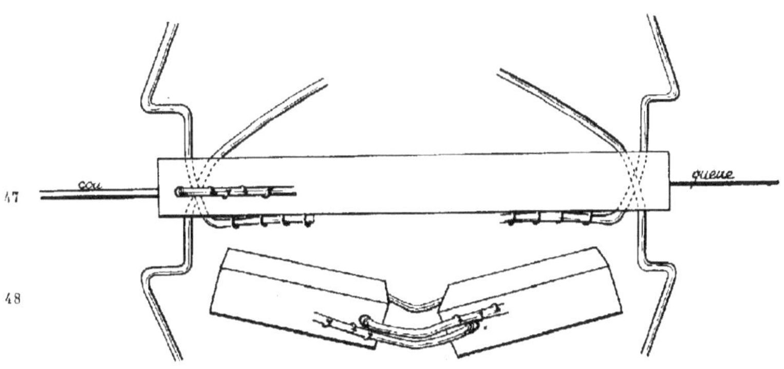

Fig. 47. 48.

L'armature ainsi terminée, la peau est partout enduite sur sa face
interne de savon arsenical; ce temps diffère de la mise en peau où on ne met
pas de savon sur la peau. On bourre ensuite le corps avec de l'étoupe coupée.
On commence par le dessous des parements des ailes, le dos, sous l'armature
en tassant bien l'étoupe du côté de la queue. Le dos fait, on plie le fer des
pattes à angle droit de façon à garder les rapports de la longueur du fémur
et de la largeur du bassin (planche XXI). Le fémur se trouve donc vertical
comme chez l'Oiseau vivant, on n'a plus qu'à repousser les pattes en avant
et vers l'intérieur, ce qui donne au fémur une légère obliquité. On continue
à bourrer la poitrine et les côtés des flancs, de manière à bien isoler la peau
de l'armature; le ventre est bourré jusqu'à ce que le volume de l'Oiseau
semble suffisant.

On suture ensuite la peau par un surjet au fil fin, à points rapprochés, en piquant à chaque point l'aiguille de dedans en dehors. On commence la suture vers la queue en finissant au sternum. Au fur et à mesure de la suture, on termine le bourrage.

L'Oiseau est terminé; on lisse les plumes en les soulevant avec les pinces. C'est à ce moment qu'il va falloir donner l'attitude à l'Oiseau; le reste du travail ne demandait que de l'habileté. Ici, il va falloir ajouter un peu d'art, en plus des connaissances scientifiques indispensables. C'est à la façon dont il pose son Oiseau, que l'on reconnaît si le taxidermiste n'est pas seulement un empailleur, mais un naturaliste observateur doublé d'un artiste.

C'est l'avantage de l'école moderne (qui donne l'apparence de la vie, même à l'Oiseau monté), sur les anciens praticiens qui certes préparaient des peaux solides, mais présentaient des collections d'Oiseaux dans des attitudes mornes et peu naturelles.

L'Oiseau bourré, il faut lui faire prendre une attitude. On donne tout d'abord une bonne position aux ailes, en les plaçant bien symétriquement si l'Oiseau est au repos. On reprend les pattes que l'on pousse ou que l'on tire doucement suivant qu'elles sont trop longues ou trop courtes. On donne ensuite au talon la courbure voulue, suivant la marche ou la pose et on s'assure que les pattes sont de même longueur. A l'aide d'une alène enfoncée dans la peau, on soulève l'étoupe aux endroits où le bourrage a pu s'affaisser par suite de la manipulation.

On place ensuite l'Oiseau sur une branche, un perchoir, un plateau ou un rocher factice. On perce dans un de ces supports deux trous suivant l'écartement que l'on veut donner aux pattes, on y introduit les fers que l'on recourbe en dessous et que l'on maintient à l'aide de clous (planche XXII).

Pour l'Oiseau au vol, on abaisse ou on redresse, et on ouvre ou ferme les ailes suivant la position de vol (planche XXIII). Il faut s'assurer que l'Oiseau est d'aplomb, qu'il repose bien sur ses pattes, et pour cela on plie plus ou moins les pattes. On s'occupe ensuite du mouvement du cou et de la tête.

Pour l'Oiseau au repos, le cou formant une S doit subir une torsion; au vol, le cou reste souvent allongé, tout en gardant une légère ondulation; on tourne la tête à droite ou à gauche et plus ou moins relevée suivant l'attitude à donner. On lisse bien les plumes en les soulevant une à une avec la pince pour les replacer en bonne position. L'Oiseau ayant une attitude, il faut maintenir les plumes en place jusqu'à dessication complète de la peau. On maintient les ailes ouvertes avec deux tiges de fer souple que l'on pique dans le corps de l'Oiseau et qui forment, en maintenant les pennes au-dessus et au-dessous, une sorte de pince; on glisse dans ces tiges des bandes de papier, et on attache les tiges ensemble en leur donnant une forme arrondie. Si les petites couvertures se soulevaient, on les aplatirait en entourant l'aile d'une bande de papier dans laquelle on pique des épingles (planche XXIII).

Lorsque l'Oiseau doit être monté au repos, les ailes fermées, c'est beaucoup plus simple. Si l'Oiseau est petit, on pique de chaque côté et au dessous de l'aile une épingle; on relie les deux épingles par un fil passé et noué sur le dos. Les plumes sont soulevées sur le passage du fil pour le dissimuler et éviter qu'il ne laisse une marque sur le plumage.

Si on monte un Oiseau plus gros qu'un Merle on passe au travers du corps un fil de fer assez fin et on replie les extrêmités de ce fil sur les ailes afin de les maintenir collées au corps, on soulève les petites plumes pour cacher le fer.

Les ailes mises en place, on s'occupe de la tête. Par l'orifice des paupières, on redonne aux joues une forme en soulevant l'étoupe, qui intérieurement bourre la tête; on modèle ainsi de façon à se rapprocher le plus possible de la réalité.

On ouvre les paupières bien régulièrement, on les arrondit, on les bourre avec du coton pour que la dessication s'achève sans qu'elles se déforment.

Puis on soutient les plumes de la queue, on les place soigneusement sur le support que donne l'extrêmité supérieure de la tige du corps et pour la maintenir une fois étalée, on la pince entre les deux branches d'un fil de fer plié en deux et dont les extrêmités sont tordues ensemble. C'est alors qu'on « linge » l'Oiseau.

Pour les Oiseaux montés en peau fraiche c'est une opération presque inutile, sauf vers la queue si l'Oiseau est monté au repos, afin de maintenir en position l'extrêmité des ailes. On prend alors une bande de toile fine ou de mousseline dont on proportionne la longueur et la largeur à la taille de l'Oiseau; on passe cette bande sous la queue et on la fixe sur le milieu du dos par une épingle. Lorsque l'on monte des peaux sèches, le « lingeage » est indispensable. En plus de la bande précédente, on en passe une autre entre les deux épaules, qui maintient serré le devant de la gorge, puis une autre de l'autre côté, qui détache les épaules et donne en avant la forme au sternum et au cou. Si le besoin s'en fait sentir, on continue ce lingeage en descendant vers l'extrêmité inférieure du corps. Pour la tête, on pose sous le bec la bande en arrière.

On maintient les petites plumes de la tête, qui ont pu être froissées, par des petites bandes mouillées, que l'on pose simplement sur la tête (planche XXII).

Les doigts seront (surtout chez les palmipèdes) écartés et maintenus par des épingles (planches XXII et XXIII). On laisse l'Oiseau dans cet état jusqu'à ce qu'il soit complètement sec, pendant un temps variable suivant la taille de l'Oiseau, le climat et la saison. Il est inutile d'essayer de gagner du temps, en le mettant à sécher au soleil ou devant le feu : on n'aboutirait qu'à faire contracter la peau et déformer l'Oiseau.

Lorsque la peau est bien sèche, on enlève les linges, les fils de fer de soutien, on coupe au ras du crâne la tige qui dépasse et on ramollit les paupières, de façon à pouvoir y placer les yeux artificiels. On enlève avec des pinces une partie du coton des orbites, que l'on remplace par un petit tampon d'étoupe mouillée; au bout de deux heures environ, on retire ce tampon; avec les brucelles on élargit l'ouverture des paupières et on introduit dans l'intérieur un peu de mastic ou d'étoupe gommée. Alors on place l'œil, en faisant bien saillir les paupières, on le tourne avec la pointe d'une aiguille pour éviter de faire loucher l'Oiseau. Les yeux artificiels doivent être de même couleur que ceux de l'animal vivant. Ils sont en verre, préparés d'avance; on les trouve chez tous les fabricants d'objets d'histoire naturelle.

On passe sur tout le corps de l'Oiseau de la benzine ou de l'essence de térébenthine. On sèche avec du plâtre, qui absorbe les graisses dissoutes par les essences. Cette manœuvre évite aux plumes d'être attaquées par les insectes et leur rend leur brillant naturel. On soulève à nouveau les plumes pour leur donner de la souplesse et les lisser. Si l'Oiseau, au cours des différentes opérations qu'il a subies, a perdu des plumes, on a du les récolter soigneusement lorsqu'elles tombaient et on les recolle ensuite; pour cela on prend un peu de gomme fondue mélangée à de la farine, on isole avec des épingles la partie de peau dénudée, on prend les plumes à recoller une à une avec les brucelles, on coupe la racine au niveau de la naissance des barbes, on met à ce niveau un peu de gomme avec un pinceau et on fixe la plume en la posant légèrement sur la peau. Quand on a ainsi recollé une première rangée de plumes, on en fixe une seconde, en les imbriquant comme les tuiles d'un toit. On donne au bec et aux pattes leur aspect primitif. La couleur des pattes et du bec disparaissent au fur et à mesure des progrès de la dessication; il faut donc, l'Oiseau desséché, repeindre ces parties avec des couleurs à l'huile en tubes, délayées dans un peu d'essence de térébenthine. La couleur séchée, on passe par dessus une couche légère de vernis transparent. L'Oiseau est alors préparé complètement et peut être installé dans la collection.

Montage des peaux sèches. — Quand on ne peut monter l'Oiseau de suite après sa mort et que l'on doit se contenter de le « mettre en peau », le montage secondaire de ces « peaux sèches » demande quelques particularités.

Souvent ces peaux ont été préparées aux colonies, bourrées plus ou moins légèrement, expédiées soit dans un but commercial, soit dans un but scientifique; elles sont parfois fort anciennes, et il faut néanmoins arriver à les monter comme lorsqu'il s'agit d'Oiseaux fraîchement tués. La première chose à faire est de rendre à la peau sa souplesse primitive; pour cela, on la fait ramollir en l'enfouissant complètement dans du *grès* en poudre *légèrement humide*, ou à défaut dans un linge humide. Chaque jour on surveille ce ramollissage qui doit être suffisant sans atteindre la désagrégation. Le temps nécessaire au ramollissage ne peut être exactement déterminé; approximativement, il faut à peu près 48 heures pour ramollir un petit Oiseau; pour les grosses espèces tout dépend de la dureté, de la solidité de la peau. Chez certains spécimens, il faut quelquefois 10 à 15 jours.

Ce mode de ramollissage est préférable à tous les autres moyens employés, qui, s'ils font gagner du temps, ont le tort de nuire à la qualité de la peau qui fermente et perd ses plumes.

L'Oiseau ramolli, on retire le bourrage de son corps, puis on gratte avec légèreté avec un scalpel la face interne de la peau, surtout au niveau de la racine des plumes, afin de redonner à celles-ci leur souplesse primitive.

Ces opérations terminées, on pourra pratiquer le montage identiquement à celui que l'on exécuterait sur une peau fraîche. Quelques petits points de détail seront à observer: quand il faudra passer à travers les pattes le fil de fer de l'armature, il sera bon, sur ces pattes desséchées, de préparer le passage du fil à l'aide d'un *poinçon* d'acier à longue tige, dont la taille sera proportionnée à la grosseur du fil de fer. (fig. 33).

L'Oiseau monté, il faudra vérifier le plumage; la plume des peaux sèches ayant souvent été froissée, ayant pris de mauvais plis, il faut *linger* l'Oiseau avec de petites bandes très serrées que l'on applique du haut en bas et tout autour du corps.

Pendant le montage, on récoltera les plumes tombées qu'il faudra recoller ensuite en bonne place.

PRÉPARATION DES OEUFS ET DES NIDS.

L'étude de la nidification a une extrême importance en ornithologie et les collections de nids et d'œufs d'Oiseaux sont intéressantes à former. La préparation en est d'ailleurs extrêmement simple. La seule précaution indispensable est le vidage soigné de l'œuf, dont on ne doit garder que la coquille.

Autrefois on perçait les œufs de deux trous pour les vider, un à chaque pôle et on agitait l'œuf assez fortement de façon à en expulser le contenu. On ne veut plus aujourd'hui d'œufs percés à l'ancienne mode, qui ôtait à l'œuf une partie de sa forme.

On fait un seul trou sur un des côtés de l'œuf de la façon suivante: l'œuf est saisi de la main gauche, on recherche sur son flanc le côté le moins joli, pour y faire le trou, tout en ayant bien soin de ne pas détruire un des caractères des taches. Le trou sera au milieu de la longueur, à égale distance des deux pôles; on choisira pour le faire un fret d'acier bien fin (fig. 14) construit à cet usage; on approchera la pointe du fret de la panse de l'œuf et on percera la paroi en roulant rapidement le fret entre le pouce et l'index; on obtient ainsi très facilement une perforation extrêmement régulière. Rien ne déprécie un œuf comme un trou irrégulier ou présentant une fissure, un arrachement quelconque.

Puis on introduit dans l'œuf une aiguille ou un petit fil de fer; on agite l'intérieur de l'œuf dans tous les sens, on prend ensuite une pipette coudée (fig. 15) et on introduit l'extrêmité effilée dans le trou, la pointe en bas; il faut laisser entre la paroi et la pointe de la pipette un peu d'espace pour permettre aux liquides de s'écouler. On arrive en soufflant doucement dans la pipette, la pointe du tube maintenue à l'entrée du trou de l'œuf, à vider très rapidement celui-ci; le jet d'air pénètre ainsi sans rien briser; le blanc de l'œuf commencera à sortir, puis le jaune, puis le reste du blanc.

Il faut se garder, comme certains auteurs l'ont conseillé, d'aspirer dans le tube; c'est une mauvaise pratique, l'œuf se vide beaucoup moins bien, surtout s'il a été un peu couvé.

L'œuf vidé, on le remplit d'un peu d'eau pour bien le laver, on l'agite pour décoller les membranes qui auraient pu rester; on fait sortir l'eau en soufflant à nouveau avec la pipette. L'eau entraîne avec elle ce qui reste de jaune et de blanc dans l'œuf; on répète l'opération jusqu'à ce que l'eau sorte absolument pure de l'œuf.

L'œuf est délicatement posé sur un linge, l'orifice en bas, afin qu'il puisse bien s'assécher.

Oeuf couvé. Pour savoir si un œuf a été couvé, on le plonge dans l'eau, il tombe au fond après quelques jours d'incubation et ne peut plus flotter comme un œuf frais: dans ce cas le contenu est plus épais, gélatineux et plus difficile à expulser.

On fait un orifice un peu plus grand que sur un œuf frais. S'il a été peu couvé seulement, l'intérieur de l'œuf se videra par le même procédé; la seule chose difficile est d'enlever la pellicule qui revêt l'intérieur de la coquille, car elle contient des vaisseaux sanguins et est très épaisse. On y arrive en projetant vivement de l'eau dans l'intérieur du tube, ou bien on remplit l'œuf d'eau, l'ouverture dirigée en haut; dix minutes après, la membrane se détache et on peut l'expulser facilement en soufflant.

S'il y a déjà dans l'œuf un embryon, la préparation est plus délicate; on incise l'intérieur de l'œuf en y introduisant un tout petit scalpel que l'on agite en tous sens. On commence par expulser le vitellus encore fluide, puis on place l'œuf sur une table, le trou vers le haut, calé par de l'ouate; on y introduit quelques gouttes d'une solution concentrée de soude ou de potasse caustique, que l'on laisse séjourner quelques heures ou même un jour pour dissoudre l'embryon; il est, au bout de ce temps, transformé en une masse gélatineuse d'odeur infecte, que l'on sort facilement par insufflation. On cueille avec une pince les petits os restés solides qui flottent, on rince ensuite à l'eau pure.

Si l'embryon est très avancé et que l'on veuille malgré tout conserver l'œuf, le mieux est de tailler au scalpel un plastron dans l'œuf avec la pointe acérée du scalpel; on trace un cercle sur l'un des flancs de l'œuf, on creuse petit à petit jusqu'à ce que la coquille soit complètement découpée, on détache le plastron, et on enlève très facilement l'embryon; on n'a plus alors qu'à recoller la portion détachée.

Les œufs cassés se recollent avec de la chaux délayée avec de l'albumine ; on enduit de la solution les bords de la cassure et on maintient l'œuf épinglé entre deux plaques de liège. L'œuf bien sec, on obture le trou avec une petite rondelle de papier gommé, et il n'y a plus qu'à le mettre en collection.

On a l'habitude de ranger les œufs dans des cartons bien secs à l'abri de la lumière et de l'humidité. La lumière trop crue décolore certains spécimens.

Entretien de la collection. — Les œufs doivent être entretenus différemment selon leur couleur, et les différentes sortes de coquille : ils peuvent être blancs, ou colorés et plus ou moins tachetés. Certains sont recouverts d'une couche calcaire plus ou moins épaisse et solide ; la coquille peut être épaisse ou très fine, rugueuse ou mate et à pores très lâches, ou lustrée, brillante et à pores très serrés. Dans tous les cas, il faudra nettoyer l'œuf avec un tampon de coton imbibé d'eau froide, mais en frottant très légèrement. Pour les œufs enduits d'une couche calcaire, on se servira d'une petite brosse assez fine pour ne pas enlever cette couche calcaire caractéristique.

Jamais on ne vernira les œufs, les uns sont brillants naturellement, les autres mats, il faut donc conserver à chaque spécimen tous ses caractères.

Conservation des nids. — Quand on voudra conserver les nids avec les œufs il faudra noter le lieu où se trouvait le nid, sa position exacte, le nombre d'œufs qu'il contenait ; on étudiera les allées et venues des Oiseaux autour du nid, et on recueillera le plus de renseignements possibles.

Puis on enlèvera le nid d'un bloc avec ses supports naturels, chaque fois que la chose est possible, en coupant les branches à quelques centimètres du nid : on fixe la base sur une planchette et on indique sur une étiquette l'espèce de l'Oiseau et tous les renseignements recueillis. Pour les nids posés sur le sol, on les placera directement sur la planchette ou dans une sorte de cuvette.

Il est difficile de conserver les nids à cause des matières animales qui les composent souvent ; il faut en tout cas les nettoyer le plus possible, puis les humecter d'essence de térébenthine mélangée de camphre.

Pour les nids de terre, on les recueillera en évitant de les briser et d'effriter la terre.

Il faut autant que possible ne jamais récolter de nids ayant contenu de jeunes Oiseaux, car ils sont souillés, infestés de parasites et risqueraient de ne pouvoir se conserver.

PRÉPARATION DES MAMMIFÈRES.

La préparation des Mammifères comprend : la mensuration de l'animal, le dépouillage, la mise en peau et le montage. Nous étudierons successivement ces opérations chez les petits puis chez les grands Mammifères, les manœuvres étant différentes suivant la taille des animaux.

PRÉPARATION DES PETITS MAMMIFÈRES.

A. Mensuration. — L'animal fraîchement tué placé sur une table, on inscrit sur une étiquette: un numéro d'ordre; la localité où l'animal a été capturé; l'altitude au dessus du niveau de la mer de cette localité; le sexe de l'animal; la date de la capture: jour, mois, année; enfin les mesures suivantes, prises en millimètres sur l'animal en chair:

1º — longueur de la tête et du corps;
2º — longueur de la queue *sans la touffe terminale de poils*;
3º — longueur du pied postérieur *sans les ongles*;
4º — longueur de l'oreille, de l'échancrure de la base à la pointe.

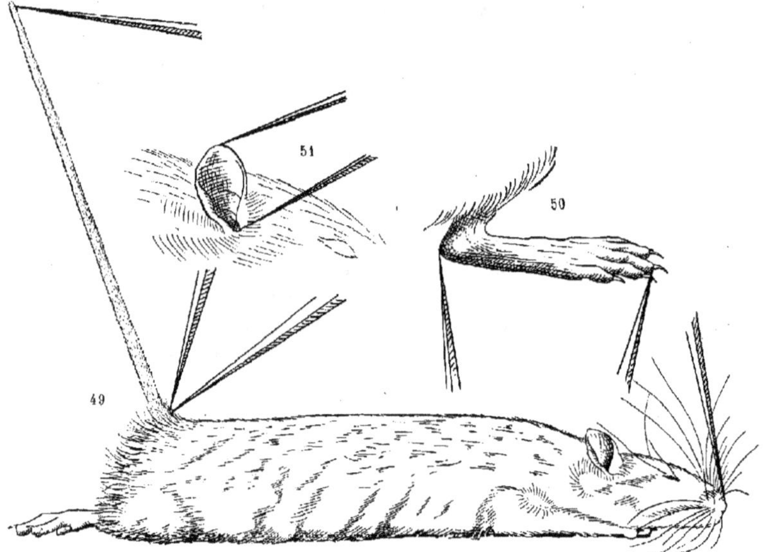

Fig. 49. 50. 51.

Ces mesures sont prises à l'aide d'un compas que l'on reporte sur une règle divisée en millimètres.

Pour mesurer la longueur du corps, l'animal doit être allongé autant qu'il est possible, le ventre posé sur la table. La queue doit être redressée, formant un angle droit avec le dos, et les mesures doivent être prises à partir de cet angle (fig. 49, 50, 51).

Ces mesures sont très utiles pour la détermination des espèces, elles n'offrent aucun intérêt pour le montage; la peau, les os de la tête et des membres seront un guide suffisant pour le préparateur.

B. Dépouillage. — Si l'animal est tué depuis quelques heures déjà, on lutte contre la rigidité cadavérique en mobilisant les articulations, en tirant les membres en tous sens. Puis l'animal est placé sur la table, la tête vers l'opérateur, le ventre en l'air, les pattes écartées (planche XXIV).

La peau est incisée de la pointe du sternum jusqu'à l'anus; l'incision doit contourner à droite ou à gauche les organes génitaux.

Pendant que l'on incise de la main droite, la main gauche écarte les poils et maintient le corps en place (planche XXIV). Il faut inciser la peau et seulement la peau, éviter de traverser la paroi abdominale et le péritoine de crainte de laisser sortir les viscères. La peau est décollée du corps avec les doigts et le manche du scalpel; on ne se sert de la lame que lorsque les adhérences de la peau aux plans sous-jacents sont trop intimes; il faut pendant ces manœuvres maintenir la peau bien tendue pour éviter de la blesser. Arrivé au niveau des membres postérieurs, on détache la peau des cuisses en ayant soin de ménager les parties externes des organes génitaux et de l'anus que l'on sépare du rectum. On désarticule le membre à son articulation avec la hanche, d'un côté, puis de l'autre (planche XXV). On dégage ensuite la queue; on coupe le rectum, puis on dépouille quelques centimètres de la queue et on se sert pour la dédoubler complètement d'un morceau de bois rond fendu par le milieu à une de ses extrêmités seulement, que l'on appelle vulgairement « tire-queue » (planche XXVI). On fait passer la portion dédoublée entre les mors du tire-queue et en serrant celui-ci du côté où ses branches sont ouvertes, on exerce une traction sur le corps en appuyant sur un objet résistant l'autre extrêmité du tire-queue. La peau de la queue se détache et les vertèbres caudales se dégagent comme si elles sortaient d'un fourreau (planche XXVI). A l'extrêmité de la peau de la queue retournée, on fait une incision d'un demi centimètre au plus, suivant la taille de l'animal afin que dans le bain d'alun, l'antiseptique pénètre bien tous les tissus. Il arrive parfois que la queue, très adhérente, est très difficile à extraire de son revêtement cutané, et se casse pendant qu'on la retourne. Dans ce cas, on fait une incision à la face postérieure de la queue, suffisamment longue pour reprendre plus loin quelques centimètres de vertèbres et recommencer les tractions. Il faudra par la suite suturer l'incision au moment du montage.

L'animal est ensuite placé sur le ventre et on continue à décoller la peau, du bassin jusqu'aux omoplates; on désarticule les membres antérieurs au niveau de l'épaule (planche XXVII), puis on décolle la peau du cou jusqu'à la tête. A ce niveau il faudra prendre de grandes précautions; on coupe le cartilage des oreilles en ayant soin de laisser, suivant la taille de l'animal 5 à 10 millimètres de ce cartilage adhérents au crâne, ce qui servira plus tard, lorsqu'on montera l'animal, à rattacher les oreilles au crâne. On rabat toujours la peau en avant et on arrive au niveau des yeux, que l'on dissèque avec beaucoup de précautions pour ne pas altérer les paupières. Lorsque celles-ci sont complètement isolées, on fait une incision circulaire en rasant d'aussi près que possible le globe oculaire. Rien n'est plus laid qu'un animal dont la paupière a été coupée, et il est très difficile par la suite de dissimuler ces déchirures, le poil qui recouvre les paupières étant très court.

Les paupières des Singes sont difficiles à dépouiller, les arcades sourcilières étant très développées et les yeux très enfoncés.

On dédouble ensuite la peau des joues et du nez, puis vers la bouche, on coupe le cartilage du nez près de l'os et on sépare la peau jusqu'au point où la lèvre supérieure s'attache aux gencives. A ce moment, on opère de deux façons différentes; si on veut monter l'animal de suite et qu'on ne tienne pas à conserver séparément le crâne, on laisse la tête tenant à la peau par les lèvres et on désarticule le crâne en laissant le larynx et la langue adhérents au tronc (planche XXVIII).

Si au contraire on doit conserver l'animal en peau et laisser de côté le crâne, on détache les deux lèvres en coupant les parties molles le plus près des dents[1].

La peau isolée, on désarticule la tête, on la débarrasse soigneusement des derniers lambeaux de chair qui y adhèrent, on enlève les yeux et on vide par le trou occipital la cavité cérébrale avec un cure-crâne; à défaut de cure-crâne, on emploie un morceau de fil de fer, à l'extrêmité duquel on fait un petit crochet (fig. 12). Si la matière cérébrale est difficile à extraire, on place le trou occipital sous un filet d'eau qui fera pression et videra bien vite le crâne.

Il ne reste plus qu'à dépouiller les pattes. Pour les animaux dépassant la taille d'un écureuil, on fait, avant de les dépouiller une incision ayant toute la longueur de la plante des pieds, qui facilitera le décollement de la peau jusqu'aux ongles (planche XXIX).

On sort les membres de leur gaîne cutanée, que l'on dédouble jusqu'aux premières phalanges. On dissèque ensuite les os, et, les métacarpiens découverts, on pousse le dépouillage jusqu'aux ongles. Pour ce faire, on glisse le manche du scalpel entre chaque métacarpien; de la main droite on exerce une pression en faisant basculer le doigt de l'animal, et de la main gauche on maintient la peau et les autres doigts. La peau se détache alors à l'instar d'un gant que l'on retirerait de la main en le retournant (planche XXIX et XXX). Pour les animaux dont la taille dépasse celle d'un écureuil, on s'arrête aux doigts, mais afin de faciliter la pénétration de l'alun, on pique fortement ces doigts avec une aiguille lorsque la patte est ramenée dans son état normal.

On reprend ensuite la tête:

1° pour dédoubler les oreilles, c'est-à-dire séparer la peau et la rabattre jusqu'à la pointe du cartilage qui la soutient; on enlève ensuite les chairs qui restent sur le cartilage (planche XXXIII).

---

[1] A l'époque actuelle, il est de règle de détacher le crâne, qui doit faire partie d'une collection distincte, et que l'on remplace dans la peau par un faux crâne.

2º Au niveau du nez, on décolle la peau du cartilage que l'on fend ensuite par le milieu, et l'on dédouble la peau tout autour de chaque moitié.

3º On dissèque les lèvres de manière à séparer leur paroi externe de la paroi interne en évitant avec soin de couper l'insertion des grands poils des moustaches (planche XXXIII). Pour les petits Mammifères au-dessous de la taille de l'écureuil, au lieu de dédoubler les oreilles, le nez et les lèvres, on les pique avec soin à l'aiguille, et de la même façon que les doigts.

La peau dépouillée, il faut ensuite la dégraisser. On glisse la main gauche sous la peau, du côté des poils, et, avec le scalpel, on racle la face interne en enlevant tout le tissu graisseux. Il faut pour bien exécuter cette opération une certaine adresse, car on est exposé à chaque instant à perforer la peau ou à la déchirer. Si cet accident survenait, il faudrait recoudre la peau au moment du montage.

Au fur et à mesure du dégraissage, il faut saupoudrer la peau de plâtre, car la graisse pourrait en glissant sur le poil y laisser des taches difficiles à enlever. Certaines peaux ne sont pas très grasses, et il suffit pour les nettoyer de retirer les muscles peauciers, et à l'aide des ciseaux, les coussinets adipeux de la plante des pieds.

PRÉPARATION DES GRANDS MAMMIFÈRES.

A. Mensuration. — Chez les grands Mammifères, la peau étant plus vaste peut varier davantage; elle peut se distendre ou se rétrécir suivant les différences de préparation, de climat ou de température. La mensuration préalable aura donc pour le montage une très grande importance. — Les mesures seront prises aussitôt après la mort de l'animal, sans attendre la rigidité cadavérique.

On placera l'animal couché sur le côté dans une position rappelant celle de la marche (planche XXXI). Sur une grande feuille de papier, on fait un croquis sommaire indiquant le contour de l'animal, la place exacte des articulations et de la tête, des os saillant sous la peau, toutes ces remarques devant servir de base pour les mesures.

Puis, à l'aide d'un grand compas d'épaisseur, ou à son défaut en utilisant 2 tiges de bois bien droites que l'on placera en équerre, on mesurera:

1º la hauteur de l'avant-train, de la crête des vertèbres dorsales ou des omoplates (si ces dernières sont plus hautes que les vertèbres) à la plante des pieds;

2º la hauteur de l'arrière-train, de la tête du fémur (au niveau de l'articulation iléo-fémorale) à la plante du pied;

3º la longueur du corps, c'est-à-dire de la tête de l'humérus à la face postérieure du bassin;

4º la longueur du cou, du conduit auditif à l'épaule;

5º la longueur de la tête, du bout du museau à l'occiput;

6° la hauteur de la tête, de l'extrêmité inférieure de la mâchoire inférieure à l'arcade sourcilière;

7° la largeur du cou, au milieu de sa longueur;

8° la longueur de l'omoplate, en comptant avec elle l'épaisseur de la tête humérale pour obtenir un calcul exact de l'épaisseur de l'articulation;

9° la largeur du corps, des vertèbres dorsales à l'extrémité du sternum;

10° la longueur du bassin, de la crête iliaque à la tubérosité de l'ischion;

11° la largeur de la cuisse, mesurée en son milieu;

12° la largeur de la patte postérieure, au niveau du tiers moyen des muscles jumeaux;

13° la largeur de la patte antérieure, un peu au dessous du coude.

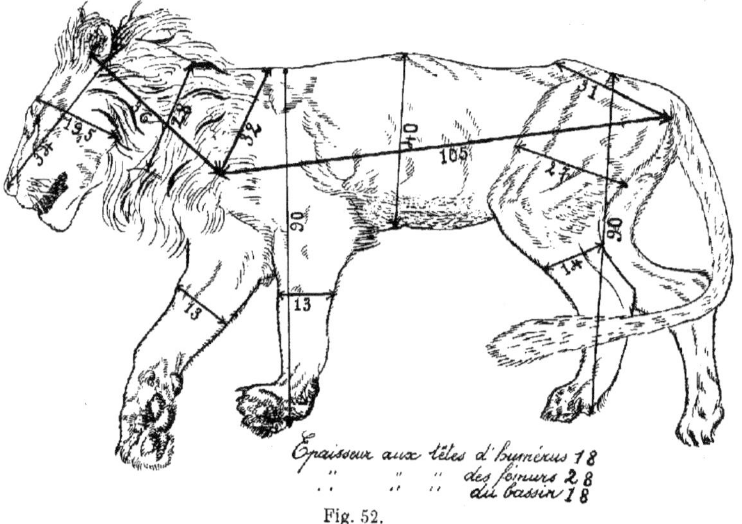

Fig. 52.

On marquera dans un des coins du croquis les épaisseurs: 1° de la tête au niveau des arcades zygomatiques; 2° du cou, prise en son milieu; 3° des côtes; 4° des crêtes du bassin; 5° des têtes des fémurs; 6° des têtes d'humérus. Toutes ces mesures seront prises suivant des lignes droites et non en circonférence ou en épousant les contours de la forme de l'animal (fig. 52).

Sur une étiquette on inscrira, comme pour les petits Mammifères, le même numéro d'ordre que sur le croquis, la localité où a été capturé l'animal, l'altitude au dessus du niveau de la mer, le sexe et la date de la capture. Si l'on peut se procurer quelques photographies de l'animal vivant ou d'une espèce voisine, elles compléteront les renseignements recueillis et aideront à obtenir au cours du montage la véritable attitude de l'animal.

B. **Dépouillage.** — Le dépouillage des grandes espèces s'exécute suivant les mêmes principes que celui des petits Mammifères; il n'y a que quelques différences que nous allons indiquer tout à l'heure.

La principale différence avec la méthode que nous avons décrite consiste dans les incisions à pratiquer.

Au lieu de faire une incision partant de l'extrêmité du sternum, on commence en partant de la pointe du menton pour terminer à l'extrêmité de la queue, en contournant soigneusement les organes génitaux.

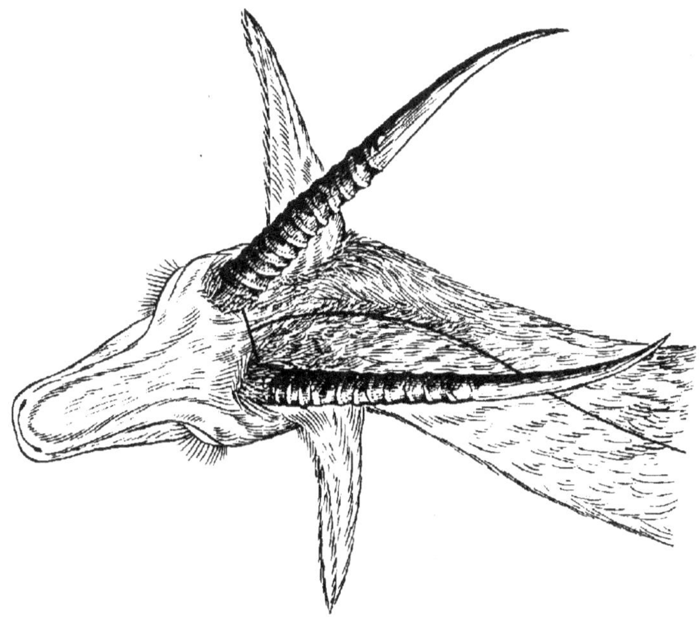

Fig. 53.

Chez les animaux à longue queue, on arrête l'incision à l'anus; puis, tendant la queue bien droite on fait sur toute sa longueur (en partant de la pointe) une nouvelle incision qui vient rejoindre l'autre. On incise ensuite chaque jambe, depuis et y compris la plante du pied jusqu'à la ligne médiane. Pour les pattes postérieures, il faut avoir bien soin de faire tourner l'incision au niveau du cou de pied (articulation tibio-astragalienne), pour la continuer sur la face interne.

Ces incisions devront se rejoindre en face l'une de l'autre en faisant un angle droit avec la ligne médiane; ces angles serviront de points de repère au préparateur au cours du montage (planche XXXII).

Chez les animaux dont la tête porte des cornes ou des bois, on ne commence l'incision qu'à partir du sternum au lieu de la faire partir de la pointe du menton. Puis on en fait une autre sur la face dorsale du cou, commençant au niveau de la base des cornes et allant jusqu'à l'omoplate; puis une autre en arrière des cornes, perpendiculaire à la précédente (fig. 53).

Pour les animaux à crinière, on fera, pour la ménager, l'incision légèrement sur le côté, à droite ou à gauche.

On peut alors très aisément détacher la peau adhérente aux cornes en la sectionnant très près de leur base.

Toutes les incisions faites, on dépouille l'animal de la même façon que les petits Mammifères, en proportionnant les instruments que l'on emploie à la taille de l'animal. Dans certains cas, le grand couteau de boucher pourra remplacer le scalpel.

La peau détachée du corps et des membres, on procède à la désarticulation du poignet et à celle du cou de pied (tibio-astragalienne). Chez les animaux à sabots, il faut faire la désarticulation au niveau de la partie supérieure du métacarpe et du métatarse en ayant soin de dédoubler la peau jusqu'au sabot.

Il faut pour éviter que le sabot et l'os ne macèrent, passer la lame du scalpel tout autour entre la corne et l'os de façon à permettre à l'alun de bien pénétrer partout.

L'animal étant tout à fait dépouillé, la peau décharnée et bien dégraissée, les doigts, les oreilles, le nez et les lèvres dédoublés (voir p. 40 et planche XXXIII) on désarticule les membres et la tête, que l'on nettoie complètement des chairs qui les entourent. On fait un paquet de tous ces os que l'on range avec une étiquette portant le numéro correspondant à la peau.

En voyage, il est préférable d'adopter la méthode de dépouillage des grands Mammifères à partir de la taille d'un *Putois*, parce que cette façon de faire offre plus de facilité, permet à la peau de sécher plus vite et simplifie l'emballage. Pour les Singes et les Lémuriens à partir de la même grosseur, on incisera tous les doigts; les mains de Singes sont en effet très difficiles à conserver. On prolonge l'incision de la main jusqu'à l'extrêmité supérieure du médius et on fait rayonner les autres incisions de façon à ce qu'elles convergent au même point vers le milieu de la main (fig. 54). Le dédoublement des doigts et le tannage se feront par la suite beaucoup plus aisément.

PRÉSERVATION DES OS ET DE LA PEAU.

On agira différemment, suivant que l'on se trouvera en voyage ou dans un laboratoire.

En voyage. — Les os aussitôt décharnés seront enduits de savon arsenical, de chaux, ou d'un désinfectant quelconque qui éloigne les insectes et évite la putréfaction. Pour la peau, le sang qui aurait pu tacher les poils

pendant le dépouillage ou après la blessure, sera nettoyé avec de l'eau; il
faut que ce nettoyage soit parfait.

On procède ensuite au *tannage* de la peau. Il faut faire un mélange
à parties égales d'alun en poudre et de sel marin; pour tanner la peau d'un
animal de la taille d'un renard, il suffit de deux poignées de cette préparation
que l'on fait dissoudre dans un demi litre d'eau. On imbibe fortement la
peau avec cette solution, du côté du poil et du côté du cuir. Les doigts, les
oreilles, le nez et les lèvres qui ont été piqués ou dédoublés doivent être
minutieusement traités. On ne portera jamais trop de soin à s'efforcer de
préserver ces parties auxquelles les insectes s'attaquent de préférence, et

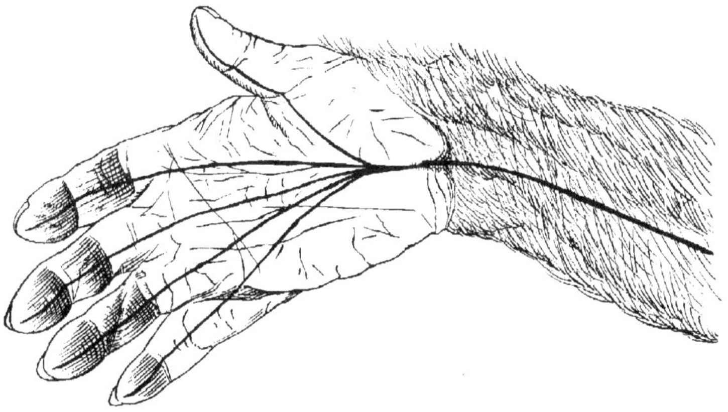

Fig. 54.

qui fermentent facilement, ce qui provoque la chute de l'épiderme et des
poils. Lorsque l'on opèrera dans des climats humides, on diminuera la quantité de sel pour la remplacer par de l'alun.

La peau préparée, on l'étale sur le dos dans toute sa longueur, puis
on replie les pattes sur sa face interne, en rentrant la partie abdominale, on
ramène ensuite la tête et la queue sur les pattes et l'on enroule le tout. On
laisse la peau ainsi apprêtée à l'ombre et dans un endroit frais, pendant
24 heures.

Au bout de ce temps, il faut inspecter la peau pour se rendre compte
de son état et voir si elle est suffisamment tannée. Une peau bien préparée
possède une teinte uniformément blanchâtre; si on constate des taches
rouges, c'est que le tannage a été insuffisant et il faut se hâter de recommencer
l'opération.

La peau bien tannée, on la fait sécher dans un endroit situé à l'ombre
et bien aéré; on utilisera les courants d'air pour activer le séchage mais il
ne faut jamais exposer les peaux ni au soleil ni au feu; il ne faut pas non plus

les tendre, comme les indigènes le font trop souvent. On se contentera de les placer sur une branche ou une corde tendue en évitant les plis; il ne faut pas utiliser de fils de fer ou de tiges de métal qui s'oxydent avec l'alun et le sel, et qui risqueraient de tacher les peaux.

On fait sécher la peau tout d'abord du côté du cuir, le lendemain on la change de côté et ainsi chaque jour jusqu'à dessication complète; le soir on évite l'humidité (planche XXXIV).

On ne peut en voyage songer à monter les animaux, ce qui demanderait trop de temps; de plus, on ne peut pratiquer le montage que dans un laboratoire, en utilisant tout le matériel nécessaire qui ne peut être transporté.

D'ailleurs les peaux ainsi préparées pourront plus tard être ramollies et donneront le même résultat que les peaux fraîches. Certains auteurs recommandent de badigeonner les peaux avec du savon arsenical ou savon de Bécœur; ce procédé antique *doit être abandonné*; il ne fait que brûler les peaux et ne les tanne pas. On emploiera le savon arsenical pour les os seulement.

En voyage on peut aussi conserver souple la peau des Mammifères récemment dépouillés, mais il faut avoir à sa disposition une grande quantité de sel marin et un baril. Voici comment il faut procéder:

On fait une solution de « *saumure* » composée d'une partie de sel pour deux parties d'eau; on en frotte la peau des deux côtés, puis on la plonge dans la solution. On s'assure que toute la peau en est imprégnée et l'on place sur elle une planche que l'on charge de sel et qui baigne dans le liquide. L'imprégnation des matières animales affaiblissant la saumure, le sel placé sur la planche remplace ce qui se perd ainsi. Après trois ou quatre jours, on retire la peau et on la sèche en la frottant à nouveau avec du sel bien sec. On la tasse ensuite dans un baril en y intercalant des couches de sel. Il faut que le tonneau soit plein; on comblera les vides avec du sel de façon que la peau soit continuellement en contact avec le sel, quelle que soit la position du baril.

Cette méthode est surtout recommandée pour les grands Mammifères que l'on désire monter, car il est toujours difficile de redonner à ces peaux très épaisses leur souplesse primitive.

FOURRURES.

Lorsqu'on ne conserve la peau des animaux que pour en faire des fourrures, on fait une incision très courte sous le ventre et sous la plante des pieds; on retire les os de la tête et des membres jusqu'aux ongles. La peau du corps et des membres est retournée la face interne en dehors, le poil en dedans, à l'exception de la queue dans laquelle on introduit un morceau de bois ou un fêtu de paille suivant la taille de l'animal. On bourre ensuite légèrement avec de la paille ou des herbes bien sèches l'intérieur du corps et des pattes, de manière à permettre à l'air d'y circuler et on fait sécher la peau, à l'ombre et sans aucune préparation pour que plus tard elle puisse être utilisée en pelleterie, seule façon d'avoir des fourrures très souples avec un poil soyeux.

TAPIS.

Pour transformer en tapis la peau des animaux, on les dépouille, comme les grands Mammifères. On ne conserve que le crâne, et la peau est préparée à l'alun et au sel.

TROPHÉES.

Les trophées de chasse comprennent la tête avec le cou, les pattes et quelquefois la queue. La tête et le cou sont dépouillés comme d'habitude mais l'incision est toujours faite sur la partie supérieure du cou, de la région occipitale aux omoplates; la peau du cou est ensuite découpée tout autour de l'épaule, depuis le milieu des omoplates jusqu'au sternum, y compris l'articulation de l'épaule.

Il faut réserver la peau du cou largement, surtout si l'on désire dans l'avenir monter la tête sur un écusson, car une tête montée sans cou, collée sur une planche est extrêmement laide.

On agit de même lorsqu'on prépare des animaux à cornes; le crâne est également conservé, les pattes seront coupées à la partie supérieure du métacarpe et du métatarse. On les dédouble et on conserve les os. La queue est fendue sur toute sa longueur à sa face interne et on la dédouble complètement.

Les trophées seront tannés et séchés comme les autres peaux.

⸰ PRÉPARATION DES PEAUX DANS UN LABORATOIRE.

L'animal dépouillé, on fait baigner la peau pendant 24 heures dans un bassin d'eau fraîche; il faut avoir soin de faire passer l'eau dans les pattes et la queue. Dix heures suffiront pour les petits Mammifères; après ce temps, on enlève sur la peau le sang qui peut y rester, on la lave à nouveau, on la met égoutter puis on la plonge dans un bain d'alun et de sel dont voici la composition:

> Alun en cristaux . . . . 500 grammes
> Sel marin . . . . 250 grammes
> Eau ordinaire . . . . 4 litres 500

On fait bouillir ce mélange jusqu'à dissolution complète de l'alun et du sel et on le verse soit dans une cuve de bois, un récipient en verre ou en grès mais jamais dans un récipient en métal de peur de l'oxydation que causeraient l'alun ou le sel.

Lorsque le mélange est froid ou simplement tiède, on trempe la peau, de manière à ce qu'elle baigne en entier dans la solution qui doit en imprégner toutes les parties; il ne faut pas oublier de la faire passer dans les pattes et la queue.

Vingt quatre heures suffisent pour le tannage de la peau d'un animal de la taille d'un Renard, celle d'un plus grand Mammifère devra y séjourner plus ou moins longtemps suivant sa grosseur; pour un Cerf ou un Bœuf, huit ou quinze jours seront nécessaires. En tout cas, on peut laisser les peaux séjourner jusqu'à un an dans le bain sans qu'elles risquent d'être détériorées, on les trouve après de longs mois souples comme au premier jour.

Les peaux récoltées en voyage seront après leur arrivée trempées dans la solution afin de compléter le tannage et détruire les insectes qui auraient pu pénétrer dans les poils.

Le bain peut servir très longtemps, on le renouvelle lorsqu'il est souillé ou trop rempli de graisse.

CONSERVATION DANS L'ALCOOL DES PETITS MAMMIFÈRES.

On peut conserver les petits Mammifères dans l'alcool; cette collection présente l'avantage de conserver pour l'étude et la classification les rapports intacts de tous les organes et le squelette complet de l'animal.

Lorsqu'on aura une quantité suffisante d'alcool on conservera les Mammifères de très petite taille (celle d'un Mulot et au dessous). Cette méthode est aussi très recommandable pour les Chauve-Souris. La préparation de ces petits animaux sera très facile en voyage et à la portée de tout le monde; elle rend de très grands services pendant les fortes chaleurs où la putréfaction se manifeste quelques heures après la mort.

Pour bien pratiquer cette conservation, voici comment il faudra opérer: on fait une incision longitudinale sur l'abdomen, afin que l'alcool pénètre bien dans l'intérieur du corps, puis on plonge l'animal dans l'alcool au minimum à 45°. Il faut qu'il y baigne en entier et librement.

En voyage, où l'alcool est parfois difficile à trouver, après 48 heures de bain, on retire chaque spécimen et on l'enveloppe, muni de son étiquette dans un linge fin; on place ces animaux dans des boites en zinc ou des vases en grès ou en verre, on les dispose par couches superposées les uns sur les autres, en ayant soin toutefois de ne pas trop les serrer, afin que l'alcool pénétre bien entre tous. On remplit le récipient d'alcool et on le ferme hermétiquement.

Aussitôt arrivés à destination, on ouvre les récipients pour s'assurer que les animaux sont en bon état, on libère chaque animal du linge qui l'enveloppe, puis on place les spécimens isolément dans des bocaux remplis d'alcool pur.

Afin de donner à l'animal une position convenable et pour éviter qu'il ne s'affaisse, entraîné par son poids dans le fond du bocal, on attache autour du cou une ampoule de verre qui le maintiendra en position verticale et viendra flotter à la surface de l'alcool.

Les petits Mammifères ainsi conservés peuvent plus tard être montés ou mis en peau; dans ce cas, on leur fera subir la même préparation que

s'ils étaient dépouillés après leur mort. Lorsqu'on a recueilli plusieurs spécimens de la même espèce, on peut en conserver deux ou trois dans l'alcool,
les autres seront mis en peau ou montés.

L'alcool peut aussi servir de moyen d'attente pour la préparation des
petits Mammifères surtout dans les pays chauds, et lorsque le temps fera
défaut.

Pour les animaux de la taille d'un Écureuil et au dessous, on dépouille
l'animal en désarticulant simplement les membres, la tête et la queue, puis
on plonge la peau débarrassée du tronc dans l'alcool; plus tard on pourra
continuer ce dépouillage sommaire lorsque l'on en aura les moyens.

MISE EN PEAU DES PETITS MAMMIFÈRES.

La peau imprégnée de sel et d'alun, on enlève l'excédent d'antiseptique
en la secouant fortement et en la passant assez rapidement dans l'eau pour
enlever les cristaux qui y seraient restés. On la sèche ensuite en la pressant
dans un linge bien sec.

Puis on répare les déchirures de la peau faites au cours du dépouillage
(dans les débuts, elles seront fréquentes); ces déchirures seront suturées avec
de petits *carrelets* et du fil ordinaire, la peau cousue de dedans en dehors,
dans le but d'obtenir un point croisé.

La peau est préparée; on prend alors de l'étoupe, du coton, des chiffons
ou des herbes bien sèches dont on entoure les os de chaque membre pour
remplacer les muscles enlevés et séparer les os de la peau, on fera ce remplaçage
en restant au dessous du volume primitif du membre.

On remet en tirant sur la patte, les os dans la peau et on replace les
membres dans une position naturelle, mais en les maintenant parallèles à
l'axe du corps.

Si la plante des pieds a été incisée, on la suture après avoir remplacé
par un peu d'étoupe ou de coton coupé très fin le volume des chairs. Puis on
s'occupe de la tête (le crâne ayant été retiré de la peau et mis de côté pour
aider à la détermination de l'espèce). On remplacera donc le crâne, soit par
un morceau de liège à qui on donne la forme sommaire du crâne recouvert
de ses muscles, soit par un tampon d'étoupe que l'on introduit dans la peau.
Au bout du nez on ajoute un peu d'étoupe coupée et on attache par un point
de suture la lèvre supérieure à la lèvre inférieure. On arrive à reproduire
assez facilement la forme de la tête de l'animal vivant.

On prépare ensuite la queue; on prend pour la protéger, surtout si
elle est longue, un fil de cuivre, de zinc ou de fer galvanisé (il ne faut pas
employer le fer non préparé qui rouille et détruit la peau par la suite). Ce fil
métallique est choisi d'une longueur suffisante pour pouvoir s'étendre de
l'extrémité de la queue jusqu'au milieu du corps. On l'entoure de quelques
mèches d'étoupe tournées en spirale autour de lui de façon à arriver à former

un fuseau très allongé, se rapprochant le plus possible de la forme de la queue; à l'extrémité de la queue, on enroulera autour du fer très peu d'étoupe, seulement une mèche suffisante pour isoler la peau du métal.

Puis afin de faire disparaître les aspérités du fuseau et permettre son passage dans la peau, on le roule auparavant en tous sens sur la table avec une planchette de bois; on badigeonne ce mannequin de savon arsenical pour lui permettre de glisser aisément dans son fourreau, et on le fait pénétrer dans la peau de la queue en veillant à ce qu'elle aille bien jusqu'au bout.

Si la peau de la queue a été incisée, on la suture soigneusement en partant de la pointe pour arriver à l'anus. A ce niveau on arrête le fil que l'on retrouvera tout à l'heure au moment de faire la suture de l'abdomen. On bourre de coton et d'étoupe coupée le cou, les épaules et le dos jusqu'à la queue en maintenant bien la tige métallique au milieu du corps. On tâche de donner sensiblement à l'animal les dimensions qu'il avait étant vivant, en s'efforçant néanmoins de rester un peu au dessous.

On reprend la suture de l'abdomen au niveau de l'anus, et on monte vers le sternum, tout en continuant le bourrage du ventre. Il ne faut pas exagérer le bourrage, car à cette partie du corps, la peau aurait des tendances fâcheuses à se distendre trop. On ne peut, en pratiquant cette mise en peau, rendre à l'animal sa forme primitive puisqu'on le prépare en position allongée, et que, au lieu de donner au corps une forme cylindrique et comprimée latéralement, on cherche à l'aplatir dans le sens vertical; mais cette forme un peu spéciale est nécessaire pour le rangement des peaux dans les tiroirs.

On replie la queue sous le ventre chez les animaux ayant une longue queue; cette façon de faire tient moins de place et protège les peaux pendant l'emballage.

Avec une petite brosse on lisse le poil pour lui donner belle apparence et plus tard faciliter l'étude, puis on étale le spécimen, le ventre à plat sur une planche de bois ou de liège. On allonge en avant les pattes antérieures et on les fixe au moyen d'une épingle plantée au milieu de la plante du pied en ayant soin de les rapprocher le plus possible de la tête et du cou. Les membres postérieurs sont dirigés en arrière et fixés de la même manière, la plante du pied tournée en dessous et rapprochée de la queue (planche XXXV).

Le crâne bien nettoyé de toute trace de chair est attaché ensuite à l'une des pattes postérieures avec l'étiquette munie de tous les renseignements utiles.

Et l'animal ainsi préparé est mis à sécher pendant quelques jours; on surveille de temps en temps la peau, et on s'assure qu'elle reste en bonne forme, et que les oreilles sont toujours plates et droites. Pour les Chauves-Souris, les ailes ou seulement une d'elles sont repliées de chaque côté du corps, les pouces dirigés en dedans et maintenus par des épingles comme pour les autres animaux (planche XXXV). L'animal bien sec, on enlève les épingles qui le fixent, on le brosse à nouveau, puis on le place dans un carton ou dans un tiroir, puis dans la collection après la détermination de l'espèce.

Cette méthode ne sera utilisée que pour les Mammifères ne dépassant pas la taille d'une fouine; les Mammifères plus gros, préparés de la même façon seraient trop encombrants à conserver.

La préparation des Mammifères de plus grande taille se fera de la façon suivante :

1º — L'animal incisé depuis le sternum jusqu'à l'anus, les os des membres conservés tenant à la peau, on entoure d'étoupe ces os seulement pour éviter le contact avec la peau. On replace les membres comme au cours de la mise en peau, on suture la plante des pieds comme nous l'avons vu tout à l'heure; si la queue a été incisée sur toute sa longueur on la laisse sécher à plat, dans le cas contraire, on fait un fuseau que l'on introduit dans la peau. La peau de la tête et du cou est bourrée légèrement d'étoupe pour faciliter le séchage; les lèvres sont suturées l'une à l'autre, le museau et les oreilles sont convenablement présentés; on attache à une patte postérieure le crâne et l'étiquette. On fait ensuite sécher la peau étendue à plat sur une table ou suspendue sur une corde tendue ou une branche, en changeant chaque jour la peau de côté jusqu'à complète dessication. Il faut éviter la chaleur du feu et le soleil.

2º — L'animal a été incisé sur toute sa longueur, les membres également; les os du crâne et des pattes ont été mis à part. On place les lèvres, le nez, les oreilles et les extrêmitées des pattes dans une position convenable, le poil toujours en dehors et on fait sécher la peau à plat comme on l'a vu tout à l'heure.

En supprimant de cette façon le volume de la tête on peut mettre plusieurs peaux dans un tiroir et faciliter l'emballage sans toutefois gêner plus tard l'étude de l'animal.

MONTAGE DES MAMMIFÈRES.

Il faut avoir, pour bien monter les Mammifères, une connaissance exacte de la forme et des attitudes de chaque animal. Les difficultés de montage augmenteront encore chez les animaux à poil ras ou à peau tout à fait dénudée, chez qui les muscles sont nettement apparents. Or, nous n'aurons plus pour dissimuler nos fautes comme chez les Oiseaux des plumes et les parements des ailes, qui se prêtent si bien aux plus habiles maquillages. Par contre la manipulation elle-même de la peau du Mammifère est beaucoup plus aisée; elle est plus souple et plus solide que celle de l'Oiseau, les poils sont, en général, plus adhérents et moins fragiles que les plumes, ils peuvent être lavés sans crainte et même immergés, ce qui permet de garder à la peau toute sa souplesse, tandis que la moindre humidité en chiffonnant les plumes leur fait perdre tout leur éclat.

On arrivera assez aisément à de bons résultats en observant avant et après le dépouillage la forme du corps et des membres de l'animal, en faisant au besoin un croquis rappelant les mesures exactes de la bête, et en s'aidant de dessins ou de photographies ayant saisi les attitudes pendant la vie du sujet que l'on veut monter.

Si l'animal a été mis en peau sèche, il faut commencer par la ramollir, en la trempant en entier dans le bain d'alun utilisé pour le tannage.

Pour obtenir un résultat rapide, certains préparateurs trempent les peaux sèches dans l'eau pendant quelques heures avant de les plonger dans le bain d'alun; mais ce faisant, on risque de désagréables surprises si la peau n'a pas été très bien tannée ou si elle n'a pu sécher dans de bonnes conditions. Il peut arriver que des touffes entières de poils se soulèvent dans certaines parties. Il vaut mieux encore, nous semble-t-il, par prudence, laisser séjourner plus longtemps la peau dans le bain d'alun. Après 24 heures, on retire la peau du bain, on coupe les points de suture qui peuvent exister et on enlève le bourrage de l'animal s'il a été mis en peau; puis on retourne les pattes, le cou et la tête.

On commence alors le grattage de la face interne de la peau, que l'on fera à l'aide du scalpel (à tranchant un peu usé afin d'éviter les coupures chez les petits Mammifères). On peut également le faire avec une sorte de grattoir fait d'une tige de fer aplatie à ses deux extrêmités (fig. 37); cet instrument a été inventé par un vieux préparateur qui nous en a donné le modèle; il est d'une grande simplicité et excessivement pratique.

La peau étalée sur la table, on la râcle en appuyant et en poussant légèrement le grattoir devant soi, en maintenant contre le cuir le côté en forme de demi-cercle et en maintenant la peau de la main gauche. L'autre côté de l'instrument sera utilisé pour les parties étroites, pattes, tête et queue. La peau doit être grattée dans le sens de la longueur d'abord, puis en largeur. Parfois après ce premier grattage, on n'aura pas obtenu toute la souplesse voulue surtout si la peau est très épaisse; dans ce cas on remettra la peau dans le bain et on renouvellera l'opération jusqu'à ce que la peau reprenne sa souplesse primitive.

Pour les peaux des grands Mammifères, on utilisera des instruments de tanneur: chevalet de bois (fig. 41) sur lequel la peau est appliquée, grattoir et tranchant pour amincir les parties épaisses du cuir (fig. 39—40). La peau sera grattée selon les mêmes principes que celle des petits Mammifères.

La peau assouplie et tannée est ensuite baignée dans l'eau, afin d'enlever l'excédent de sel et d'alun qui l'avait imprégnée; on la laisse séjourner environ dix minutes pour une Souris, une demi-heure pour une Fouine, une heure pour un Renard, augmentant ainsi proportionnellement à la taille des animaux; pendant les saisons froides où l'alun et le sel risquent de se cristalliser davantage, on laissera les peaux séjourner dans l'eau un peu plus longtemps. Il faut que les parties superficielles de la peau soient absolument dessalées avant le montage, sinon on verrait apparaître sur les poils des taches blanchâtres au fur et à mesure de la dessiccation. Il faut néanmoins que l'imprégnation de la peau soit suffisante afin que la préservation demeure efficace.

On fait ensuite sécher la peau, puis on suture les déchirures qui ont pu se produire au cours du dépouillage et du ramollissage. Les points de suture seront faits comme nous l'avons vu pendant la mise en peau, mais en prêtant plus d'attention et en rapprochant les points le plus possible afin de dissimuler du mieux qu'on pourra la déchirure, et pour que la peau, qui se rétractera toujours en séchant, ne fasse pas éclater la suture.

On prépare alors l'armature qui doit soutenir l'animal. On choisit les tiges de fer d'une grosseur proportionnée au volume de la bête, en veillant à les prendre bien exactement de la taille voulue : trop fortes, elles risqueraient de donner trop de rigidité et de compliquer le travail ; trop faibles, elles favoriseraient l'affaissement du corps sur les pattes. (Voir le tableau indiquant la grosseur approximative des fils de fer en rapport avec la taille des Mammifères, page 17).

On prend une première tige de la longueur totale du corps, augmentée de quelques centimètres pour passer hors du crâne et pour attacher ensemble les tiges :

2° — deux tiges pour les membres antérieurs ayant la longueur des os (humérus, cubitus et métacarpe), avec en plus, la distance de l'omoplate, la moitié de l'écartement entre les têtes des humérus et quelques centimètres à l'extrêmité des pattes pour fixer l'animal sur un socle ou une branche et faire l'attache des fers entre eux.

3° — deux tiges pour les membres postérieurs ayant la longueur des os (fémur, tibia, métatarse) augmentée de la moitié de la largeur du bassin et des quelques centimètres en plus pour la fixation et l'attache.

4° — une tige de la longueur de la queue avec quelques centimètres en plus pour fixer cette tige à celle du corps. Cette dernière tige sera un peu moins volumineuse et en rapport avec la taille de la queue.

On rendra toutes ces tiges bien droites, et à l'exception de celle de la queue, on les affilera avec une lime à une de leurs extrêmités (planche XXXVI).

On commencera par la queue ; on enroule autour du fil de fer de petites mèches d'étoupe bien cardées pour éviter les aspérités et former un fuseau bien lisse. Il doit être très affilé à son début et doit grossir progressivement. On s'assure de temps en temps que le fuseau a atteint la grosseur voulue, on ajoute de l'étoupe où il le faut ; on le termine en le roulant sur la table pour le régulariser et comprimer. Pour y arriver, on imbibe légèrement le fuseau d'eau, puis on le roule sur la table avec une planchette de bois que l'on appuie sur lui. On badigeonne légèrement cette fausse queue de savon arsenical ; on l'introduit dans la peau jusqu'au bout ; si on a dû fendre la peau au début de la préparation, on la suture en commençant par son extrêmité pour remonter vers l'anus.

On passe ensuite aux membres postérieurs; on fixe aux os la tige de fer avec du fil, de façon à ce qu'ils s'adaptent exactement sur elle, le côté effilé dirigé en bas, et dépassant la patte de quelques centimètres.

Pour les Mammifères dont la taille dépasse celle d'une Fouine, on fait à l'aide d'un fil de fer un petit fuseau qui rappelle la grosseur du tendon d'Achille; on fait passer ce fil de fer le long du métatarse (planche XXXVI).

On fait ensuite un mannequin suivant la forme de la patte avec des tampons d'étoupe placés le long des os, qui rappellent sous la peau les saillies musculaires; le tout est serré et entouré avec du fil. On commence par la jambe, en ayant soin de placer le fuseau du tendon d'Achille dans le tampon d'étoupe qui doit former les muscles du mollet (jumeaux). On évite que l'étoupe déborde sur la face interne du tibia qui adhère à la peau; on modèle ensuite la cuisse en donnant au membre la position dans laquelle on désire monter l'animal (planche XXXVI). Au fur et à mesure, on regarde si la peau s'adapte bien, et on vérifie l'exactitude de l'épaisseur du corps.

La patte terminée, on enduit le mannequin de savon arsenical et on le rentre dans la peau. Si la peau a été fendue dans toute sa hauteur, on la suture depuis l'articulation tibio-tarsienne jusqu'en haut de la cuisse. Si la peau reste tendue sur le mannequin, il faut modeler le creux qui existe entre le tendon d'Achille et le tibia et distinguer légèrement la naissance des muscles jumeaux avec le jambier antérieur et le long péronier. Avec une aiguille et du fil passé de part en part, on rapproche les parois interne et externe de la peau.

On complète la forme, s'il en est besoin, en passant avec les brucelles de petites mèches d'étoupe entre la peau et le mannequin.

On termine le bas de la patte en la bourrant avec du mastic de vitrier mélangé d'étoupe coupée, et en ayant soin d'isoler la peau du fil de fer. Ceci est surtout important chez les Mammifères portant des sabots et dont les métatarses et les métacarpes sont très minces et très allongés. L'épaisseur des tendons est souvent remplacée par la grosseur du fer, et il ne reste que très peu de place pour glisser un peu de mastic contre la peau. Sans cette précaution indispensable, le fer rouillerait au contact de la peau qui contient de l'alun et du sel et au bout de peu de temps la peau brûlée par la rouille tomberait, alors que le fer s'effondrerait sous le poids de l'animal.

On suture le bas de la patte en commençant aux doigts pour remonter vers l'articulation tibio-tarsienne.

Le membre terminé, on fait la même chose de l'autre côté, puis on passe aux membres antérieurs.

On fait avec le fer réservé à la patte antérieure un fuseau d'étoupe de la longueur du radius, destiné à remplacer la masse musculaire située entre le radius et le cubitus. On réserve la longueur de fil de fer nécessaire au reste de la patte, avec en plus quelques centimètres pour fixer l'animal sur un socle, le côté de fer effilé dirigé vers le bas.

On fixe la tige de fer aux os de la même façon que pour les membres postérieurs, en la courbant suivant la position à donner aux os (planche XXXVI) On modèle les pattes antérieures comme les membres postérieurs, en tenant compte de la forme et du volume des pattes (planche XXXVI).

Il ne reste plus que la tête à préparer. On attache sur le crâne la mâchoire supérieure à la mâchoire inférieure. On prépare un premier tampon d'étoupe, destiné à remplacer le muscle temporal; puis un autre destiné à former les masséters; on passe sous l'arcade zygomatique une autre mèche d'étoupe, recouvrant le premier tampon, et dont l'extrêmité est introduite dans le trou occipital; on place ensuite le second tampon sous le maxillaire inférieur que l'on recouvre de la même mèche et dont l'extrêmité se tasse à l'intérieur de la mâchoire. Le tout est maintenu avec du fil entourant le crâne (planche XXXVI). Entre les lèvres dédoublées et les cartilages du nez, on glisse un peu de mastic ou de cire à modeler et on retourne la peau en la fixant sur le crâne dans sa position naturelle. On s'assure que les paupières sont bien en face des orbites et que les cartilages des oreilles sont près des conduits auditifs. Avec les brucelles que l'on introduit par les paupières, on modèle les lèvres et le nez; on ajoute, s'il y a lieu du mastic et de la cire, et pour éviter que la peau en se desséchant, ne se retire, on maintient les lèvres avec des épingles et des petits clous (planche XXXVIII). Si le crâne a été détaché de la peau, on suture dans la mesure du possible la face interne des lèvres à ce qu'il reste de muqueuse contre la gencive; dans le cas où il n'est plus possible de le faire, on les maintient avec des épingles lorsque la peau est remise en place.

Dans le cas où l'on désire conserver le crâne pour l'étude, on fabrique un crâne factice avec du liège que l'on sculpte en se rapprochant le plus possible de la forme de la tête avec sa musculature. Pour les carnassiers que l'on désire monter la gueule ouverte, on trouve chez les fournisseurs pour naturalistes de faux crânes en carton-pâte de toutes dimensions avec fausses dentitions et mâchoires articulées (fig. 46). On les place dans la peau de la même façon que le crâne et l'on maintient les lèvres avec des épingles. Chez les animaux portant des cornes ou des bois, la peau a été incisée sur la face postérieure du cou; on la suture et on la fixe tout autour de la couronne de la corne avec de petits clous.

Il faut maintenant réunir les différentes parties du corps pour en faire un ensemble; c'est ce qu'on appelle « faire l'attache ».

On étale la peau sur la table, les membres écartés comme si on venait d'ouvrir l'animal dans toute sa longueur.

On courbe les fers des quatre membres à angle droit avec les os de façon à ce qu'ils soient parallèles entre eux, les fers des membres antérieurs dirigés vers le bas, ceux des postérieurs tournés vers le haut. On prend la dernière tige de fer réservée pour le corps, on l'introduit par la pointe dans le crâne en passant par le trou occipital pour sortir au milieu de la voûte qu'elle perfore ainsi que la peau.

On laisse dépasser la pointe de fer de quelques centimètres, puis on place la tête à une distance normale des épaules, de façon à obtenir un cou ni trop long ni trop court, puis on fait suivre au reste de la tige la ligne médiane du corps. On fait à cette tige un peu au dessous du niveau de la tête de l'humérus un anneau dans lequel on passe les fers des membres antérieurs après les avoir pliés à angle droit une seconde fois à la hauteur de cet anneau. Cette façon de faire est à peu de chose près la même que chez les Oiseaux; les proportions seules diffèrent (planche XVII). On vérifie que l'écartement des pattes corresponde exactement à la largeur des épaules que l'animal doit avoir. Avec des pinces plates, on serre alors l'anneau en rejetant la tige du côté de la tête; on attache entre eux les fers des pattes (planche XVIII), puis on rabat en arrière la tige du corps entre les deux fers, on lui fait subir une torsion en la réunissant à l'un des deux fers, et l'on retord encore une fois les fers des pattes entre eux. On coupe l'excédent des fers des pattes et non la tige du corps que l'on replie sur elle-même.

On remet la tige du corps dans la ligne médiane pour attacher les membres postérieurs. Avec cette tige centrale, on fait un second anneau un peu au dessus de la tête du fémur et en tenant compte de la longueur du corps. On plie une seconde fois les fers à angle droit au niveau de l'anneau et on les y passe en s'assurant de l'écartement des pattes qui doit correspondre à la largeur du bassin (planche XIX). On continue l'attache comme on l'a fait pour les membres antérieurs et on coupe l'excédent des fers au niveau des pattes et de l'anneau du corps. Le reste du fer de la queue est enroulé autour de la tige du corps (planche XXXVII). On ne peut monter les Mammifères en faisant l'armature de cette façon que lorsque leur taille permet de mettre des fils de fer que l'on peut tordre facilement; sinon, il faut agir autrement. On prend un morceau de bois quadrangulaire d'une longueur égale à celle comprise entre la tête des humérus et celle des fémurs. Lorsqu'on veut accuser chez certains animaux la cambrure des reins pour leur donner une attitude plus ou moins courbée, il faut articuler cette pièce de bois par le milieu, en la sciant en deux parties égales et en rejoignant ces parties par un fer fixé à chaque extrémité (fig. 48); on pratique à chaque extrémité et du même côté deux trous destinés à recevoir les fils de fer des membres, que l'on maintient après s'être assuré de l'écartement, en les pliant sur le côté et en les assujettissant solidement avec des clous. En avant, on perce un autre trou destiné à recevoir le fer du cou et de la tête que l'on plie de la même manière; à la face postérieure de la pièce de bois, on cloue tout simplement le fer de la queue (fig. 47).

L'armature étant ainsi faite, on rapproche les membres l'un de l'autre de manière à donner à l'animal l'attitude dans laquelle on désire le monter. La tête est également mise en place; on s'assure de la longueur du cou en faisant glisser la tête sur la tige de fer puis afin de ne pas risquer pendant le bourrage un allongement exagéré du cou, on recourbe en arrière pour l'y fixer le fer qui dépasse hors du crâne.

La peau pendant toutes ces manœuvres, risque fort de s'être desséchée ; on l'humecte avec un peu d'eau ; si on ne peut terminer le montage au cours d'une seule journée, on entretient l'humidité de la peau en l'enveloppant de toiles mouillées.

Avant de procéder au bourrage du corps, on suture la peau de la pointe du menton jusqu'au sternum, si elle a été incisée. Avec de l'étoupe coupée plus ou moins finement ou avec du foin s'il s'agit d'une espèce un peu grande, on pratique le bourrage en commençant par le cou ; il faut bien lier le cou à la face postérieure du crâne, puis on descend vers les épaules en glissant de l'étoupe entre la peau et l'armature de fer qui doit être séparée de la peau. Le bourrage doit être ferme sans pour cela gonfler la peau et risquer de dépasser le volume normal de l'animal vivant. Pour arriver à ce résultat on maintient la peau avec la main gauche à l'endroit que l'on veut bourrer comme si on introduisait l'étoupe dans le creux de la main cependant que les doigts modélent et tassent le bourrage.

On se sert pour ce travail d'instruments faciles à fabriquer, appelés « bourroirs ». Pour bourrer l'étoupe, ils sont faits de tiges de fer dont on proportionne la longueur et l'épaisseur à la taille des animaux. On fait à l'extrêmité de cette tige un anneau qui puisse servir de poignée ; à l'autre bout on aplatit tout simplement le fer, puis avec une lime, on y fait une petite encoche qui permet d'accrocher l'étoupe et de la pousser (fig. 18, 19, 20).

Pour le montage au foin, les bourroirs seront en bois, faits avec des tiges de bois dont on taille à plat une extrêmité, et où on fait une encoche (fig. 21, 22, 23). Pendant le cours du montage, on tasse le foin avec le bourroir, en le frappant à la main ou avec un maillet de bois pour bien le comprimer, enfoncer les creux et faire saillir les saillies du corps. Le cou et les épaules bien modelés, on quitte l'avant-train de l'animal pour bourrer ses membres postérieurs en faisant la liaison avec le bassin et la queue. On tasse avec force l'étoupe entre les cuisses afin de maintenir l'écartement et on continue le bourrage sur la face supérieure de l'armature, en avançant vers les épaules. On a soin de bien modeler les angles formés par le bassin avec les vertèbres dorsales et de tenir compte de la dépression des flancs. L'animal bourré, on commence à suturer la peau en commençant par la queue.

Pour les mâles il faudra pratiquer le bourrage des organes génitaux que l'on modélera en introduisant de l'étoupe coupée dans le fourreau de la verge et le scrotum. On fait ensuite un point de suture pour bien les séparer du corps. On continue ensuite la suture abdominale jusqu'à la hauteur des genoux environ où l'on arrête le fil et où on le coupe. Il faut se méfier à ce niveau de l'excédent de peau formé par les plis de l'aine, et ne pas trop bourrer cette région, en maintenant néanmoins le bourrage très ferme entre les cuisses.

On reprend l'avant-train de l'animal pour bien faire la liaison entre le corps et l'omoplate et modeler la pointe du sternum, souvent très développée chez les Mammifères; puis on reprend la suture depuis le sternum en descendant vers la partie inférieure de l'abdomen, bourrant au fur et à mesure jusqu'à ce qu'on retrouve l'autre suture abandonnée tout à l'heure.

Lorsque la suture est terminée, on ramène sur la ligne de suture les poils qui auraient été pris dans les fils pour leur donner une bonne position et dissimuler le plus possible la couture. Le bourrage terminé, on couche l'animal sur le côté et on aplatit les parties trop gonflées de son corps en les tassant avec la main ou même, s'il est gros, avec le maillet. —

On exécute ces manœuvres d'un côté puis de l'autre, sans craindre de tasser le bourrage, car, quelque précaution que l'on prenne, on arrive toujours à faire un corps trop gros et trop arrondi. On s'assure ensuite que les jambes sont à la même hauteur et on leur donne la position dans laquelle on désire placer l'animal.

On prend alors une planche pour faire un plateau provisoire ou bien une branche si l'on veut percher l'animal ou le faire grimper; on fait à ce support 4 trous à la vrille, à des distances correspondant à l'écartement des pattes, puis on y introduit les fils de fer que l'on tire par dessous assez fortement jusqu'à ce que les pattes y posent bien à plat; on recourbe les fers pour les fixer à l'aide de clous, ou, s'ils ne sont pas trop gros, on fait à leurs extrémités affilées un crochet que l'on plante dans le bois avec un marteau.

Il ne reste qu'à donner à l'animal monté une attitude. Il s'agit de lui donner toutes les apparences de la vie; s'il en est besoin, on relève la tête, on rectifie la ligne du cou, des épaules, du rein et du bassin, on s'aide au besoin pour ce faire du maillet de bois; lorsque la ligne d'ensemble paraît satisfaisante on passe aux détails (planche XXXVIII).

On écarte les doigts avec précaution, on les fixe avec des épingles ou de petits clous (planche XXXVIII). Si on monte un Ruminant, on rapproche les sabots que l'on maintient également avec des pointes.

Chez les Mammifères d'assez grande taille, on rentre la peau des plis de l'aine à l'aide de petites planchettes un peu plus longues que la hauteur du ventre au plateau, que l'on place de chaque côté entre la cuisse et le bas ventre (fig. 55). Pour maintenir la peau appliquée dans le creux formé au niveau des flancs, et faire détacher ainsi les muscles de la cuisse et des hanches, on prend une aiguille à matelasser (fig. 32) avec une ficelle que l'on passe de part en part à travers le corps de l'animal, on la repasse un peu plus haut, faisant un large point en U que l'on attache plus ou moins serré, en liant les deux bouts du fil. On renouvelle, partout où elle semble indiquée, cette opération (fig. 55). On soulève les poils pris sous le fil pour les placer au-dessus. Pour les petits Mammifères, on comprime tout simplement la peau avec les doigts; à l'aide d'une alène ou d'un poinçon que l'on passe à travers le corps,

on soulève le bourrage pour faire sortir les parties saillantes. Si une partie
de l'animal ne se trouvait pas suffisamment bourrée, on ferait dans la peau
un petit orifice dans un endroit facile à dissimuler et on passerait par cette
fente des mèches d'étoupe, quitte à rejoindre les deux lèvres de la plaie par
quelques points de suture.

Fig. 55.

Le modelage du corps terminé, on passe à la tête. Avec les pinces
brucelles (fig. 5 à 8) que l'on introduit dans les paupières on donne une forme
aux lèvres, au nez et aux joues qui ont pu se déformer pendant les opérations
préliminaires; on fixe avec des épingles les angles des paupières de chaque
côté de l'orbite que l'on bourre de coton pour remplacer le globe oculaire,
puis on soulève les sourcils et l'on fait légèrement ressortir la paupière supérieure. On laisse, suivant les cas, la bouche ouverte ou fermée. On rapproche
les bases des oreilles, en écartant plus ou moins les pointes dirigées en avant
ou en arrière suivant l'attitude que l'on veut donner au sujet. On les maintient droites avec deux morceaux de carton entre lesquels on les passe, ou
avec deux morceaux de liège sculptés de façon à épouser la forme de la conque
auriculaire; à l'aide d'épingles on fixe la peau sur le liège, l'écartement étant
maintenu par un fil de fer (fig. 55).

L'animal terminé, on le peigne et on le brosse soigneusement pour bien lisser le poil. On le laisse sécher en ayant soin de le surveiller de très près afin d'être prêt à parer à tous les accidents qui pourraient survenir. Le temps de la dessiccation nécessaire est proportionné à la grosseur de l'animal, à la température et au climat. On peut en fixer le minimum à 5 jours, le maximum à 3 mois.

Au bout de ce temps, on enlève tout ce qui maintenait le montage: épingles, clous, fils, liège ou planchettes, ou coupe au ras du crâne la tige de fer qui dépasse et l'on s'occupe de placer les yeux. Il faut pour ce faire ramollir la paupière, après avoir retiré le bourrage de l'orbite, on y place quelques tampons d'étoupe bien mouillée que l'on laisse jusqu'au lendemain. Si le ramollissage n'est pas suffisant on renouvelle l'opération: puis, du bout des brucelles on assouplit encore et on arrondit bien le tour des paupières, on remplit la cavité orbitaire de mastic et on introduit l'œil artificiel en soulevant le bord des paupières. Il ne faut pas que les yeux soient trop saillants ni qu'ils tendent à faire loucher l'animal. S'il le faut, on maintient encore l'angle palpébral avec des épingles.

Certains préparateurs, pour éviter une perte de temps, placent les yeux aussitôt après le montage; il faut éviter cette manœuvre qui risque de laisser tourner les yeux ou de faire déformer les paupières, la peau travaillant en se desséchant, malgré toutes les précautions prises.

Si l'animal est monté la bouche ouverte, on traitera l'intérieur de la mâchoire, et la langue qu'il faudra modeler avec du mastic ou de la cire.

On nettoie ensuite la peau avec de l'essence minérale ou de la benzine. Chez les petits Mammifères, on assèchera le poil avec de la *sciure d'acajou*, procédé très avantageux.

Si certains points de suture ont lâché, on bouchera les trous avec de la colle mélangée à du coton coupé très fin, comme pour les Oiseaux, ou avec de la gutta-percha en se servant de petits fers chauds.

Pour finir, on recolle les poils qui masquent les dernières fissures ou irrégularités cutanées. De même dans les endroits dépourvus de poils.

Les parties naturellement dénudées (intérieur des oreilles, nez, bord des paupières) sont recolorées avec de la peinture délayée avec un peu d'essence de térébenthine. On passe ensuite une légère couche de vernis autour des yeux, sur le nez et les ongles et on place l'animal sur un socle définitif ayant les dimensions voulues.

Si l'on veut seulement monter la tête avec le cou pour la poser sur un écusson, on traite cette partie isolée de la même façon que l'animal entier. La seule différence consiste dans la fermeture de la tranche cervicale. On fait une planche ovale en bois rappelant la coupe transversale du cou; au milieu de cet ovale on perce un trou pour introduire la tige de fer du cou qui traverse le crâne. Cet ovale mis en place, on cloue la peau tout autour en la laissant dépasser de quelques centimètres et en terminant le bourrage au fur et à mesure. On trace ensuite sur la face postérieure de la planche une rainure dans laquelle on fixe la tige de fer après l'avoir recourbée à angle droit. Puis on applique le tout sur un écusson assez large sur lequel on cloue la peau du cou tout autour. On termine le modelage de la tête et on la laisse sécher complètement comme chez tous les Mammifères.

MONTAGE DES GRANDS MAMMIFÈRES.

Nous avons pu voir, en faisant l'historique de la taxidermie, toutes les phases par lesquelles a passé cet art de 1750 à nos jours. Nous avons vu tous les procédés employés pour remplacer le corps sous la peau: bourrage, sculpture sur bois, modelage en terre couverte de papier, ou moulage de cette terre pour obtenir une épreuve en pâte de carton, mannequin en foin ou en paille pour arriver au modelage en plâtre. Voici, à l'heure actuelle, la technique employée qui semble donner le plus d'avantages et dont les résultats s'approchent le plus de la réalité.

Ce procédé basé sur d'exactes données scientifiques (conservées par la présence des os des membres et les mesures prises sur l'animal aussitôt après sa mort) donne en plus de l'apparence de la vie, plus réelle par l'exactitude des formes que l'on peut obtenir avec le plâtre, une plus juste adaptation de la peau, appliquée sur le plâtre dont la dureté lutte contre la rétraction du cuir.

Technique du montage. — La peau de l'animal étant assouplie comme nous l'avons vu au moment du montage, on réunit tous les documents, mesures, squelette, photographies, notes, croquis qui vont nous aider à rétablir à peu près exactement la forme de l'animal vivant. Si on ne possède que le crâne ou les os d'un seul membre, on pourra arriver à rétablir les proportions de l'animal que l'on a l'intention de monter, en étudiant ces quelques os comparativement au squelette d'un Mammifère de la même espèce.

1º **Montage du Mannequin.** — On dessine de grandeur naturelle sur du papier une silhouette du tronc de l'animal, les membres et le cou exceptés, d'après les mesures prises antérieurement; on reporte le calque de ce dessin sur une planche que l'on découpe en en proportionnant l'épaisseur à la taille de l'animal (planches XXXIX et XL).

On se procure ensuite 4 tiges de fer adaptées à la taille, et dont l'extrémité est *taraudée* sur 10 cm. environ de longueur, et munie de deux boulons. L'autre extrémité du fer est aplatie sur une longueur de 20 cm. environ, percée de 3 trous dans lesquels seront placées des vis fixées sur la silhouette de bois. Ces tiges de fer auront des longueurs différentes: les deux tiges qui vont être destinées à servir de membres antérieurs auront pour longueur, la longueur des os des pattes augmentée de la moitié de la distance d'une tête de l'humérus à l'autre; les tiges des membres postérieurs auront la longueur des os des jambes, plus la moitié du corps, d'une tête de fémur à l'autre; (à cette longueur il faut ajouter pour chaque tige les 20 cm. aplatis tout à l'heure, plus les 10 cm. de fer taraudé).

À ces quatre tiges on en ajoute une autre destinée à faire l'armature du cou, et à maintenir le crâne, ayant la longueur de ce cou, augmentée de 20 cm. de fer aplati pour fixer la tige à la silhouette et quelques centimètres pour la sceller dans le crâne.

Il faut en plus de ces matériaux un socle provisoire, le socle définitif ne devant être employé que le montage tout à fait terminé.

Les tiges de fer sont forgées et courbées suivant le mouvement que l'on veut donner aux pattes, et remplacent les os si ces derniers font défaut.

Si ces os existent on les articule et on les place en avant de la tige de fer en faisant exactement suivre par le fer leur face postérieure, en tenant compte bien entendu des espaces interarticulaires. Ces fers sont fixés au socle par le vissage des boulons, un sur le socle, l'autre dessous, leur partie supérieure incrustée sur la silhouette à l'aide de vis qui l'incrustent dans l'orifice des aplatissements. Les fers vissés, on scelle la tige dans le crâne à l'aide du plâtre en l'enfonçant dans le trou occipital; on donne à cette tige la courbure voulue suivant la position du cou pour la fixer ensuite comme les pattes contre la silhouette (planches XXXIX et XL). On s'assure à ce moment de l'exactitude de la mensuration, au besoin en s'aidant de la peau de l'animal que l'on peut appliquer momentanément sur la silhouette.

Puis on donne un début de forme, du volume du corps de l'animal avec de la toile métallique que l'on fixe contre la silhouette. Lorsque l'on monte de très gros Mammifères (Eléphants, Buffles, Girafes), on fait une sorte de cerceau de tiges de fer, pour maintenir la toile métallique; on forme également avec cette toile la plus grande épaisseur des cuisses et le cou (planches XLI et XLII).

On commence alors le modelage en plâtre; on prend des mèches d'étoupe trempées dans le plâtre à mouler et on les applique sur l'armature de façon à donner les premières indications des contours et des points de repère principaux du corps de l'animal (têtes humérales et fémorales, bassin, dernières côtes), (planche XLIII); on continue ainsi jusqu'au complet modelé de l'animal, s'aidant si possible d'un modèle vivant ou, à son défaut, d'os ou de figures. On continue de temps à autre à appliquer momentanément la peau sur le plâtre de façon à vérifier l'exactitude de l'évolution du modelage. On termine le modelage avec du plâtre sans étoupe, lissé bien soigneusement de façon à ce que la peau s'applique bien exactement sur lui (planches XLIV et XLV).

On laisse sécher complètement le plâtre, puis on l'enduit au pinceau d'une première couche d'huile de lin cuite; pour isoler la peau de façon à ce que le plâtre ne se dessèche pas trop, on passe deux jours après une deuxième couche de cette huile, de façon à former un vernis sur lequel la peau glissera facilement. On laisse sécher deux ou trois jours.

La peau est sortie du bain d'alun, on la trempe dans l'eau pour la dessaler plus longtemps que chez les petits Mammifères, car la peau est plus vaste et le cuir plus épais. On la met complètement à égoutter pour l'enduire ensuite sur sa face interne d'une pâte composée de farine de froment, délayée dans de l'eau et un peu d'huile d'olives, pour remplir les pores de la peau et conserver la consistance du cuir; la peau ainsi apprêtée s'appliquera mieux sur le mannequin. Pour la poser on s'assure que la crête dorsale est bien au milieu, que les tourbillons de poils qui sont aux plis cutanés, genoux, coudes, oreilles, et que les parties internes du ventre et de la peau des pattes sont en bonne place. On maintient la peau en place avec quelques clous et quelques points de suture (planches XLVI et XLVII). On est parfois obligé de tirer sur la peau avec des pinces (fig. 26) pour la tendre, car elle perd après la mort beaucoup de son élasticité, les peaux sèches surtout se déforment facilement. Pour suivre les mouvements raccourcis, il faut plisser la peau, la tasser sur elle-même, aider à lui donner l'apparence qu'elle avait pendant la vie de l'animal.

On emploie des pointes *épingles* d'acier de diverses tailles, sans têtes; ces clous sont recouverts d'une couche de vernis noir, cuits au feu de manière à éviter la rouille sur la peau.

On coud la peau mise en place, en modelant le bas des pattes à l'aide d'applications de mastic et d'étoupe coupée.

Les sutures sont maintenues par la suite avec quelques clous pour éviter que la dessiccation ne fasse céder les coutures.

Il ne reste plus à modeler que la tête de l'animal, ce qu'il faut faire en s'assurant bien des détails du modelé et des caractères propres à chaque espèce.

Pour la queue on fait un fuseau que l'on ajuste au mannequin avec du mastic.

Dans les creux, on maintient la peau à l'aide de clous, de façon à éviter qu'elle ne se tende et ne suive pas le modelé.

L'animal est terminé comme dans le cours de tous les autres montages. On laisse sécher en surveillant sans cesse, pour s'assurer que la peau épouse bien la forme du corps.

La peau sèche, on enfonce à fond certains clous, on retire ceux qui semblent inutiles, on nettoie la peau avec de l'essence ou de la benzine, on bouche les trous faits au cuir avec un mastic, (pâte à doreur ou pâte anglaise) ou de la gutta-percha.

Si le poil est ras, on retouche les endroits où il manque avec de la peinture, et on recolle des poils sur les manques des animaux à poil long, on pose les yeux artificiels et on refait les narines comme nous l'avons vu plus haut (voir montage des petits Mammifères).

L'animal terminé est placé sur un socle définitif (planches XLVIII et XLIX).

PRÉPARATION DES REPTILES, DES BATRACIENS ET DES POISSONS.

En général, la préparation des Reptiles, des Batraciens ou des Poissons, se rapprochera beaucoup de celle des Mammifères; nous indiquerons seulement les différences et les points de détails à observer.

Il faudra comme chez les autres animaux indiquer sur une étiquette qui suivra chaque spécimen, le jour de la capture, la localité, la position géodésique, autant que faire se pourra; l'habitat (eaux salées, eaux douces, eaux marécageuses), la coloration et la forme des yeux, et le numéro du catalogue du voyageur. Si l'espèce est venimeuse, on le mentionnera; il faudra aussi indiquer si elle se trouve normalement ou accidentellement dans le lieu où la capture a été effectuée.

Il faudra autant que possible aussitôt après la capture faire un croquis à l'aquarelle ou aux crayons de couleurs de l'animal, surtout chez certains Poissons aux nuances si diversifiées, qui se décolorent très rapidement; il faudra indiquer nettement le contour et les taches du corps.

DÉPOUILLAGE DES REPTILES.

A. Serpents. — Jadis on dépouillait les Serpents en les écorchant par la tête; cette manœuvre en plus du danger qu'elle faisait courir à l'opérateur chez les espèces venimeuses, risquait de faire dilater la peau du corps et surtout celle de la tête, et aussi de faire tomber les écailles.

Le mieux est de faire une incision longitudinale sous le ventre jusqu'à l'anus, mais un peu de côté, dans le but d'éviter de couper les gastrotèges toujours caractéristiques. On enlève la peau à l'aide du scalpel et on sépare la tête du tronc; puis on continue vers la queue. Arrivé à l'anus, on coupe le rectum au ras et on dépouille la queue en la tirant comme celle d'un Mammifère, tout en prenant beaucoup plus de précautions pour ne pas la rompre (dans quelques cas il faut même la fendre dans toute sa longueur).

Le corps terminé, on passe à la tête. Rarement on essaiera de décoller la peau jusqu'au bout du museau, car cette partie est recouverte de plaques écailleuses très larges qui se casseraient ou se soulèveraient si on arrivait à les plier.

On soulèvera donc la peau de la pointe du scalpel pour la détacher du crâne que l'on décharne le plus possible, puis on extrait la cervelle et les yeux.

La peau débarrassée de toutes les parties charnues, on la prépare de la même façon exactement que celle d'un Mammifère, à l'alun et au sel.

Mise en peau. — On trempe la peau quelques instants dans l'eau pour enlever l'excès d'alun et de sel qui serait resté à la surface; puis on prend une tige de fer de la longueur du corps que l'on enroule d'étoupe pour bien l'isoler de la peau. On forme ainsi un fuseau très fin au début pour la pointe de la queue et qui grossit jusqu'au milieu du corps, pour conserver cette grosseur jusqu'à la tête.

Ce fuseau sera un peu inférieur au volume réel. On passe ensuite une petite couche d'étoupes coupées entre la peau et le crâne, et on bourre légèrement les orbites; on place alors le fuseau dans la peau que l'on suture à petits points en commençant à l'extrêmité de la queue pour remonter jusqu'à la tête. Au fur et à mesure, on bourre légèrement avec des étoupes coupées passées entre la peau et le fuseau central.

On ferme ensuite la bouche avec une épingle enfoncée dans la mâchoire inférieure. On fixe à l'animal l'étiquette contenant tous les renseignements et on le laisse sécher sur la table. Pour les grandes espèces, on bourre simplement la tête et on laisse sécher la peau mise à plat. Une fois bien sèche, on entoure la peau du corps autour de la tête et de cette façon on réduit le volume pour l'emballage.

Montage. — Le montage des Serpents diffère seulement de la mise en peau en ce sens que le travail doit être plus soigné.

Si on monte une peau sèche, il faut la tremper pour la ramollir dans un bain d'alun et de sel; puis on la gratte de la même façon que celle d'un Mammifère. La peau ayant retrouvé sa souplesse normale, on la trempe dans l'eau pour faire partir l'excès d'alun.

On prend ensuite une tige de fer proportionnée à l'animal que l'on coupe de la longueur totale du serpent et qu'on émousse à une extrêmité. On enroule autour d'elle des mèches d'étoupe pour former un fuseau rappelant la forme du corps. Ce fuseau sera très effilé à l'extrêmité pour grossir ensuite progressivement. On essaie de temps en temps le fuseau sur la peau afin de s'assurer de l'exactitude du volume du corps.

Arrivé à la grosseur voulue, on le roule sur la table pour bien effacer toutes les aspérités (voir page 53), et on l'enduit de savon arsenical.

On place alors le fuseau dans la peau en introduisant la partie émoussée du fer dans le crâne de manière à le traverser dans toute sa longueur pour le maintenir sans le faire sortir à l'extérieur. On suture la peau à petits points serrés en commençant par la queue pour remonter vers la tête et au fur et à mesure on perfectionne le bourrage en introduisant des mèches d'étoupes coupées entre le fuseau et la peau; on donne à ce moment au Serpent sa véritable forme, qui est loin d'être comme on le croit souvent, complètement arrondie. Le ventre doit être aplati, le dos incurvé en forme de toit et la gorge, suivant les espèces resserrée ou gonflée et plate en dessous.

On donne à chaque animal l'attitude qui lui est propre, soit en le plaçant sur un faux rocher, soit sur une branche ou bien sur un plateau surmonté de supports de cuivre, s'il est destiné à une collection réservée pour l'étude (fig. 56).

Le corps doit onduler avec grâce et s'arrondir en replis jamais brusques. On s'occupe ensuite de la tête; si la bouche est fermée, on la maintient avec

une épingle enfoncée dans la mâchoire inférieure, sinon on la bourre pour
la maintenir ouverte; les orbites sont remplies de mastic et les yeux artificiels posés. Contrairement à ce qu'il faut faire chez les Mammifères, on
peut poser les yeux aussitôt après le montage, car la peau plus adhérente
au crâne, ne risque pas de se déplacer en séchant. On lave la peau à l'alcool,
ce qui fait disparaître l'humidité superficielle, active la dessication et avive
la coloration; et on passe sur tout le corps une couche d'essence de térébenthine. Après quelques jours, l'animal étant bien sec, on passe sur sa peau
une couche de vernis transparent. S'il a perdu totalement ses couleurs on le
peint légèrement avec de la peinture à l'huile délayée avec un peu d'essence
de térébenthine, et on ne vernit la peau que sur la peinture bien sèche. Lorsque l'animal est préparé la bouche ouverte, on fait l'intérieur avec de la

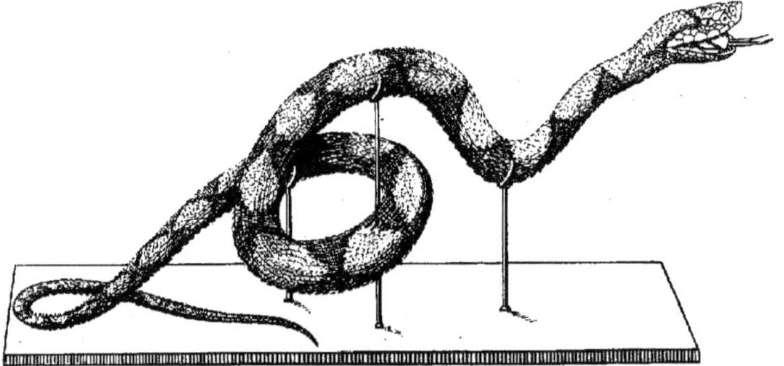

Fig. 56.

cire vierge modelée à l'aide de petits fers chauds ou de petites spatules de
fer. Les crochets sont imités par de petits fils de fer recouverts de cire et
repeints.

   B. **Lézards et Crocodiles.** — Pour dépouiller les Crocodiles et les Lézards,
on incise la peau sous le ventre, du menton à l'extrêmité de la queue et la
face interne des membres de la plante des pattes à la ligne médiane du corps.
Ces incisions sont nécessaires pour éviter la chute des écailles ou une déchirure
de la queue; chez les Lézards surtout elle est extrêmement fragile. Les incisions suturées seront après le montage admirablement masquées par la
position de l'animal, toujours à plat sur le sol.

   Le dépouillage, le tannage, la mise en peau et le montage seront exécutés
pour ces animaux de la même façon exactement que chez les Mammifères;
les seules différences porteront sur la tête que l'on prépare comme celle des
Serpents, et l'extrêmité des phalanges que l'on ne peut arriver à décoller
complètement.

   Pour les petits Lézards, on terminera le montage, après avoir bourré
le corps de l'animal comme chez les Serpents.

C. Tortues. — Tous les Chéloniens ont le corps dans une enveloppe rigide dont la face supérieure porte le nom de carapace, la face inférieure celui de plastron. Il faut pour pouvoir les dépouiller, ouvrir cette carapace.

On sépare à l'aide d'une scie à main très fine (fig. 16), des deux côtés le plastron et la carapace, puis on coupe avec le scalpel la peau tout autour du plastron en suivant exactement les contours.

Le plastron ainsi séparé on éviscère la cavité abdominale; on détache les membres en coupant leurs articulations près de la carapace, puis on les dépouille. La peau étant extrêmement dure, il est souvent fort difficile de l'enlever par retournement.

On incise alors la face postérieure des pattes dans toute sa longueur ainsi que la queue. La peau du cou est souvent plus souple et se retourne plus facilement. La tête ne peut être dépouillée complètement de crainte de faire tomber les plaques épidermiques. On opère comme chez les Lézards et les Serpents en enlevant les chairs le plus loin possible, les yeux, sans endommager les paupières, et on extrait, à l'aide d'un cure-crâne le cerveau.

On nettoie le tout dans l'eau, puis on fait le tannage de la peau, comme chez un Mammifère.

Afin de s'assurer de façon plus certaine la conservation de la tête des Reptiles que l'on ne peut entièrement dépouiller, on la plonge dans de l'alcool durant quelques heures avant de la tanner à l'alun et au sel.

Mise en peau. — La mise en peau des Tortues est chose fort simple; on enroule un peu d'étoupe autour des os des membres que l'on replace aussitôt après dans leur position normale. On bourre légèrement la tête pour remplacer les chairs et les yeux, puis le cou. On fixe ensuite provisoirement le plastron à la carapace à l'aide d'un fil et on laisse ainsi sécher l'animal.

Montage. — Le montage d'une Tortue est exactement le même que celui d'un Mammifère. Seul, le fer du cou ne traversera pas la tête, il sera enfoncé, comme chez tous les Reptiles, suivant la longueur du crâne.

Ce montage est extrêmement facile à faire car la carapace et la peau des membres sont si dures, qu'elles conservent toujours leur forme. Il ne reste que le cou qui demande quelque attention; il ne faut pas trop le bourrer, et bien tenir compte des plis et des rides qui sont caractéristiques. Le plastron est recollé à la colle forte ou fixé par des fils de cuivre passant par de petits trous pratiqués sur les bords de la carapace et du plastron. On place ensuite l'animal sur un socle, dans une attitude presque invariable, les pattes disposées comme pour la marche, la tête un peu relevée, le cou légèrement placé hors de la carapace, en évitant l'exagération.

On donne sur leur plateau aux espèces marines ou fluviales, l'attitude de la natation.

On place ensuite les yeux artificiels et on nettoie soigneusement les écailles avec une brosse humide. L'animal complètement desséché est verni au pinceau.

D. Batraciens. — Il est rare que l'on soit appelé à monter les Batraciens que l'on conserve généralement dans l'alcool. Néanmoins on peut les dépouiller et les monter.

Deux méthodes peuvent être employées; l'une consiste à dépouiller l'animal en faisant sous le ventre une incision, ce qui est plus facile pour exécuter le travail; l'autre supprimant toute incision, fait faire le dépouillage par la bouche; cette dernière manière a l'inconvénient de déformer les mâchoires par la grande dilatation qu'il faut leur faire subir.

Il vaudra donc mieux procéder par incision: on coupe longitudinalement la peau du ventre, on désarticule et on dépouille les membres de la même façon que chez les Mammifères, mais en conservant dans la peau la colonne vertébrale. On enlève les viscères et les chairs autant qu'il est possible; la tête ne pouvant être dépouillée, on extrait les yeux par l'intérieur; puis, le tout bien nettoyé, on badigeonne la peau sur sa face interne ainsi que les os, de savon arsenical.

Le montage se fait exactement comme chez les Mammifères, et on suture la peau avec beaucoup de précautions pour faire joindre parfaitement les les deux lèvres. On passe immédiatement sur l'animal terminé une couche de vernis protecteur.

E. Poissons.

Dépouillage. — On ne dépouillera que les Poissons dont le volume trop considérable empêche leur conservation dans l'alcool.

C'est une opération facile, mais qui demande à être exécutée lentement et avec les plus grandes précautions afin d'éviter que les écailles ne se détachent. On lave le Poisson dans l'eau pour débarrasser sa peau de l'enduit gluant qui la recouvre toujours. Puis on fait une incision commençant à la partie supérieure du thorax pour aller jusqu'à la naissance de la queue. On fait aller cette incision un peu sur le côté pour éviter d'endommager les nageoires ventrales.

La peau est décollée avec le scalpel de chaque côté du poisson; on coupe avec des ciseaux l'insertion des nageoires pectorales et abdominales, en ayant grand soin de ne pas enlever, surtout chez certaines espèces, la couche pigmentaire à laquelle les écailles des Poissons doivent leur éclat et leur adhérence.

On coupe ensuite la queue à son origine et on continue à détacher la peau sur le dos en sectionnant à sa base la nageoire dorsale.

Il ne faut jamais rabattre la peau d'arrière en avant en la retournant sur la tête pour dépouiller le dos, car toutes les écailles tomberaient.

Arrivé à la tête on coupe la colonne cervicale et on est ainsi débarrassé du corps. Il ne peut être question de dépouiller la tête: on coupe l'appareil branchial que l'on conserve en le faisant sécher pour le joindre au spécimen après la mise en peau. Cet appareil est souvent très utile pour la détermination ultérieure du Poisson.

Les yeux, le cerveau, les chairs sont retirés, et la peau bien nettoyée enduite sur toute sa face interne de savon arsenical ainsi que la cavité crânienne.

Mise en peau. — On prend une baguette de bois que l'on prépare de la taille du corps moins la tête. On en introduit dans le crâne une des extrêmités émoussée et on place l'autre bout à l'insertion de la queue, de façon à tendre légèrement la peau.

On bourre ensuite le corps de chaque côté avec de l'étoupe ou du coton haché de façon à rendre au Poisson la forme et le volume qu'il possédait de son vivant.

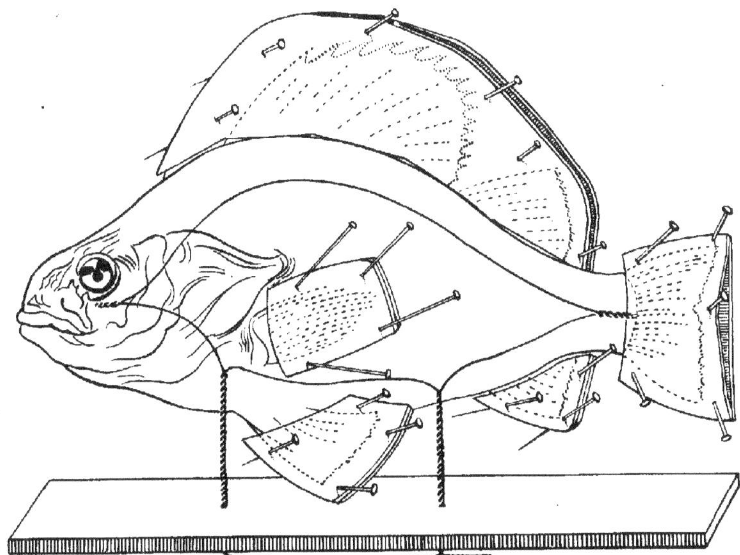

Fig. 57.

On maintient en place le bourrage en suturant par quelques points assez lâches les bords de la peau.

Il ne reste plus qu'à traiter les nageoires; si on les faisait sécher naturellement, elles se recroquevilleraient en se repliant sur elles-mêmes et, plus tard si on voulait les étaler, se déchireraient.

Il faut donc les étendre pendant qu'elles sont fraîches, et les maintenir en collant de chaque côté de la nageoire une bande de papier enduite de colle de pâte, ayant au moins la longueur et la largeur de la nageoire. Les nageoires latérales sont préparées de la même façon, placées à plat le long du corps.

Puis on fait sécher le Poisson dans un lieu très aéré, peu éclairé, car la lumière nuit à la conservation des couleurs.

Montage. — Si le Poisson, mis en peau antérieurement, est desséché, on le ramollit en le trempant pendant quelques heures dans l'eau, les bandelettes de papier qui maintenaient les nageoires se décollent d'elles-mêmes et on débourre le corps afin de pouvoir gratter légèrement la peau, dans le but de lui rendre sa souplesse primitive.

La peau assouplie, on prend un fil de fer d'une grosseur proportionnée à celle du Poisson, ayant comme taille le double de la longueur totale du corps, avec en plus quelques centimètres pour le fixer sur le socle (fig. 57).

On forme avec le fil de fer un ovale de la longueur du corps, dont les extrêmités sont pointues; les deux bouts du fil de fer sont réunis en leur milieu pour être tordus ensemble et former ainsi le support qui doit maintenir l'animal au dessus de son socle. Si le sujet est assez volumineux, il faut prévoir deux supports.

Dans ce cas, on ajoute une autre tige de fer que l'on place au milieu, de façon à maintenir l'écartement des supports et à les former en tordant les extrêmités entre elles (fig. 57).

L'armature établie, on l'introduit dans le corps et on bourre avec de l'étoupe coupée très fin en isolant bien le fer de la peau. Quand on a donné au Poisson sa forme primitive, on suture l'incision abdominale à petits points. Il faut agir avec précautions, car la peau se déchire très facilement. L'opération terminée, on place l'animal sur un socle en introduisant le support dans un trou fait dans la planche, sous laquelle on recourbe chaque fer en sens inverse. On donne au Poisson l'attitude qui lui convient, on termine le modelage du corps en pressant avec les doigts les parties où les saillies du bourrage restent apparentes, et on place les yeux artificiels de la même manière que chez les autres animaux. On passe sur la peau une couche d'essence de térébenthine puis on étend les nageoires que l'on maintient entre deux feuilles de liège ou de carton serrées à l'aide d'épingles. Si la bouche doit rester fermée, on la fixe avec une épingle plantée dans la mâchoire inférieure, ou bien on la maintient ouverte en bourrant l'intérieur avec des étoupes.

On fait sécher l'animal le plus rapidement possible, à l'abri de la lumière pour tâcher de lui conserver ses couleurs.

Lorsqu'il est sec, on retire les épingles et les bandes de liège ou de carton qui servaient au maintien des nageoires. Si la bouche est ouverte on refait l'intérieur avec de la cire vierge employée comme chez les Serpents, et on passe sur tout le corps une légère couche de vernis.

Si le Poisson a perdu ses couleurs totalement, on peut les lui rendre avec un peu de couleur délayée dans la térébenthine. On ne passera dans ce cas le vernis que sur la peinture bien séchée. Un croquis, une aquarelle faits après la mort de l'animal rendront pour exécuter ce dernier temps du montage les plus grands services.

CONSERVATION DANS L'ALCOOL DES REPTILES, BATRACIENS ET POISSONS.

On agit, pour la conservation des Reptiles ou Poissons dans l'alcool, comme pour les petits Mammifères.

Après avoir incisé l'abdomen, on les plonge dans le liquide dans lequel ils doivent baigner totalement; on les y laisse séjourner de 10 à 15 jours. Après ce temps, on ajoute de l'alcool nouveau qui doit renforcer le premier bain, un peu diminué par le mélange avec les liquides organiques.

Pour les Poissons il faut agir d'une façon un peu spéciale: l'abdomen incisé, on les plonge dans un bain d'alcool faible (à 35° environ), afin d'éviter à la surface du corps le dépôt d'une trop rapide coagulation d'albumine qui empêche le liquide préservateur de pénétrer dans les tissus. Après 48 heures de séjour dans ce liquide, l'animal est placé dans un second bain composé d'alcool de 45° à 50°.

Afin que les couleurs se conservent bien, on plongera les Poissons dans l'alcool le plus tôt possible après leur mort, et on les maintiendra soigneusement à l'abri du jour. En voyage, pour faciliter le transport et économiser l'alcool, on retire chaque spécimen du bain après quelques jours, et on l'entoure, muni de son étiquette, d'un morceau de tulle ou d'étoffe très fine, afin d'éviter les frottements toujours dangereux.

On place les spécimens dans des barils, ou des vases de grès, mais le plus souvent dans des boîtes de zinc plus faciles à trouver. On dispose une première couche de Poissons, et on comble les intervalles qui les séparent avec de l'ouate et de l'étoupe. On continue couche par couche jusqu'à ce que le récipient soit plein; si les spécimens ne suffisaient pas à tout remplir, on comblerait les espaces vides avec de la filasse.

On verse ensuite de l'alcool sur le tout puis on s'assure que le couvercle ferme bien hermétiquement; pour les boîtes de zinc, on soude le couvercle dans le milieu duquel on a au préalable ménagé un orifice par lequel on achève de remplir la boîte d'alcool, et on bouche ensuite cet orifice par une plaque de zinc soudée sur le couvercle.

CONSERVATION DES POISSONS DANS L'ACÉTATE DE SOUDE.

C'est depuis une vingtaine d'années environ que l'on pratique la conservation des Poissons par l'acétate de soude. Depuis ce temps, les résultats qu'a donnés cette conservation ont montré qu'il y avait tout avantage à l'utiliser.

Il est commode à employer et simplifie beaucoup l'emballage et le transport des échantillons ainsi préparés.

On peut se procurer de l'acétate de soude en sel cristallisé, facile à emporter dans une caisse ou un tonneau. On l'utilise comme les pêcheurs s'en servent pour saler la Morue.

On pratique sur chaque Poisson, à l'aide d'une paire de ciseaux, une incision un peu sur le côté de la ligne médiane de l'abdomen; si les Poissons sont d'une assez grande taille, on sépare les chairs en deux parties afin de bien faire pénétrer l'acétate de soude. Puis on met une couche de ce sel dans un récipient quelconque, un baquet par exemple, avec les Poissons par dessus une deuxième couche de sel, et un nouveau rang de Poissons et ainsi de suite jusqu'à ce que le récipient soit rempli.

Au bout d'un certain temps, 3 ou 4 jours au plus, on les retire de l'acétate de soude pour les envelopper, toujours munis de leur étiquette, d'un linge bien sec.

On peut alors les emballer dans une caisse très étanche, en plaçant toujours entre eux une légère couche de sel.

Les Poissons ainsi préparés sont desséchés et ressemblent à des stock-fischs, mais après les avoir trempés dans l'eau pendant 24 à 36 heures, suivant leur volume, ils reprennent leur couleur, leur forme primitive et leur souplesse. On peut alors, comme on voudra, les mettre dans l'alcool suivant le procédé ordinaire, ou bien les dépouiller pour les monter.

RANGEMENT ET CONSERVATION DES COLLECTIONS.

Emballage. — Avant d'emballer une peau pour la faire voyager, il faut s'assurer de son absolue dessication. Lorsqu'il s'agit d'animaux mis en peau, on les place séparément dans des cornets de papier, dans le but d'éviter le frottement qui détériore les plumes ou les poils. Pour les mammi-fères de grande taille, on plie la peau ou on la roule, le poil mis en dedans, afin d'éviter les frottements.

Lorsque les peaux devront faire de longs voyages, des traversées ou séjourner dans des contrées humides, il sera mieux de les emballer dans des caisses de zinc ou de fer, hermétiquement closes, et recouvertes de bois. On évitera les insectes par ce moyen, mais il ne faudra placer dans de telles caisses que les peaux parfaitement sèches, de crainte de les voir fermenter, moisir et se détériorer.

Conservation des peaux. — Avant d'introduire dans une collection de nouveaux spécimens, il sera bon de les mettre en quarantaine pendant quel-ques temps afin de s'assurer qu'ils ne renferment ni insectes, ni larves ou œufs qui pourraient s'y développer. Un seul animal attaqué par les insectes et placé dans une collection peut en provoquer la destruction totale — on ne saurait être trop prudent dans ces circonstances, et il faut toujours se méfier de tous les spécimens, même de ceux qui semblent les plus parfaitement préparés.

Il existe au Muséum d'Histoire Naturelle de Paris, de grands meubles, nommés « Nécrentomes » destinés à pratiquer la désinfection des spécimens préparés, avant de les mettre en collection.

Ce sont de grandes caisses de bois, garnies intérieurement de feuilles de zinc soudées entre elles très hermétiquement, et contenant des tiroirs. Le couvercle est lui aussi recouvert de zinc et bordé intérieurement d'une bande de caoutchouc, ce qui permet, à l'aide de vis, une fermeture complète.

On place dans l'intérieur du meuble un flacon de large ouverture, contenant du sulfure de carbone. On peut faire des meubles de cette sorte en tapissant intérieurement une caisse de papier collé avec de la colle de pâte, puis extérieurement lorsque que la caisse est fermée. Les peaux restent environ un mois dans ces caisses, après quoi elles peuvent être placées dans les collections.

Il faut néanmoins continuer toujours d'exercer sur ces collections une scrupuleuse surveillance.

On placera dans les vitrines ou tiroirs contenant les animaux, de petits vases remplis de sulfure de carbone, ou à son défaut, de camphre ou de naphtaline; de plus, il sera bon de vaporiser une fois par an, pendant l'été, les spécimens avec la solution suivante :

Alcool à 90°	500 gr.
Camphre	à saturation dans l'alcool.
Essence de thym ou de serpolet	50 gr.
Benzine	500 gr.
Acide phénique cristallisé	20 gr.

Il faut visiter soigneusement les collections au moins une fois par an — de préférence pendant l'été — On prend chaque spécimen, on le secoue, on le bat avec une petite baguette de bois, légèrement pour s'assurer qu'aucun débris de poil ou de plume ne tombe. Si un échantillon semblait attaqué par les insectes destructeurs, il faudrait le placer aussitôt dans le « Nécrentome ».

Rangement des collections. — Les animaux mis en peaux seront placés pour y être conservés dans des tiroirs ou des boîtes en carton dont le couvercle sera formé d'un cadre de verre fermant bien exactement.

Les peaux seront rangées et alignées régulièrement sur un ou plusieurs rangs, le dos en dessus et toutes les têtes tournées du même côté. Chaque spécimen portera, solidement assujettie à une des pattes postérieures, l'étiquette que l'on a établie au moment de la capture et qu'il est bon de conserver, et une seconde étiquette indiquant le nom scientifique de l'animal et un numéro d'ordre qui sera transcrit sur un registre d'entrée. On portera également sur ce registre en face du numéro, le nom scientifique de l'espèce et on y reproduira les indications de l'étiquette primitive.

Quant aux animaux montés, ils seront placés dans des vitrines, sur des perchoirs ou des plateaux identiquement de même forme, et de même grandeur pour chaque espèce, ce qui donnera un aspect d'ordre et de régularité agréable à l'œil, toujours désirable dans une collection.

Devant le plateau ou le perchoir sera placée une étiquette avec le nom, le numéro d'ordre, le sexe de l'animal et la localité. L'étiquette sera bordée de *noir* pour les animaux européens, de *bleu* pour l'Afrique, de *rouge* pour l'Asie, l'Inde et la Malaisie, de *vert* pour l'Amérique et de *jaune* pour l'Oceanie. Ces couleurs ont été conventionellement adoptées depuis très longtemps pour faciliter la distinction des diverses régions du globe.

Comme pour les collections de peaux, les numéros d'ordre des animaux montés seront transcrits sur un registre avec tous les renseignements nécessaires.

Montage d'un Gorille: maquette et montage exécuté par POORTMAN.

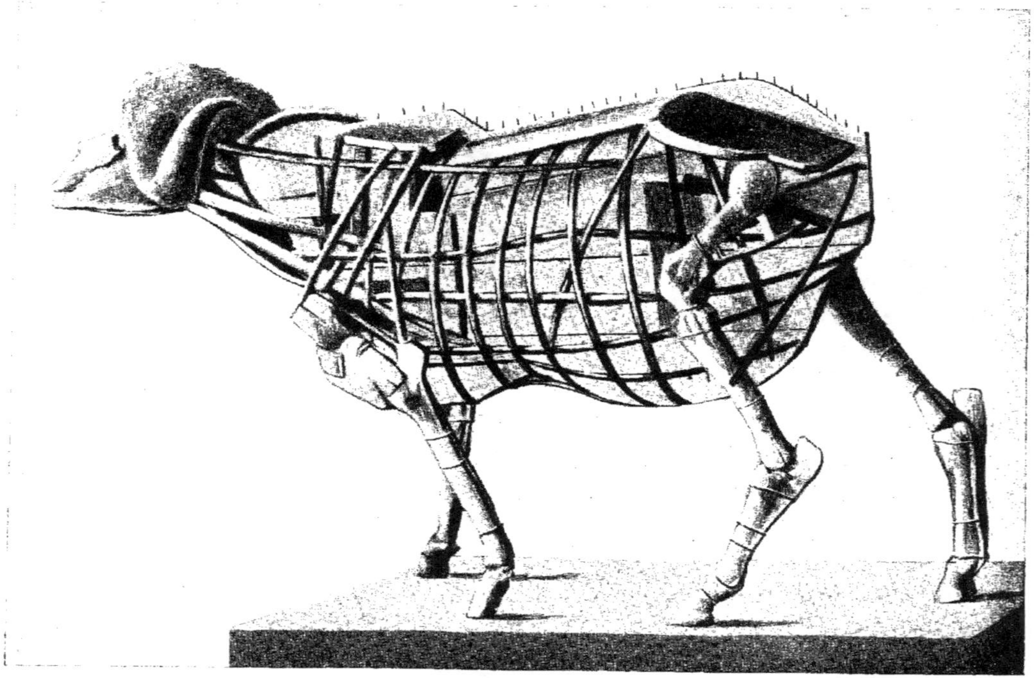

Montage d'un Buffle: armature de bois.

Montage d'un Buffle : mannequin en foin.

Buffle monté par M. Terrier: maquette et montage.

Dépouillage d'un Oiseau: incision cutanée.

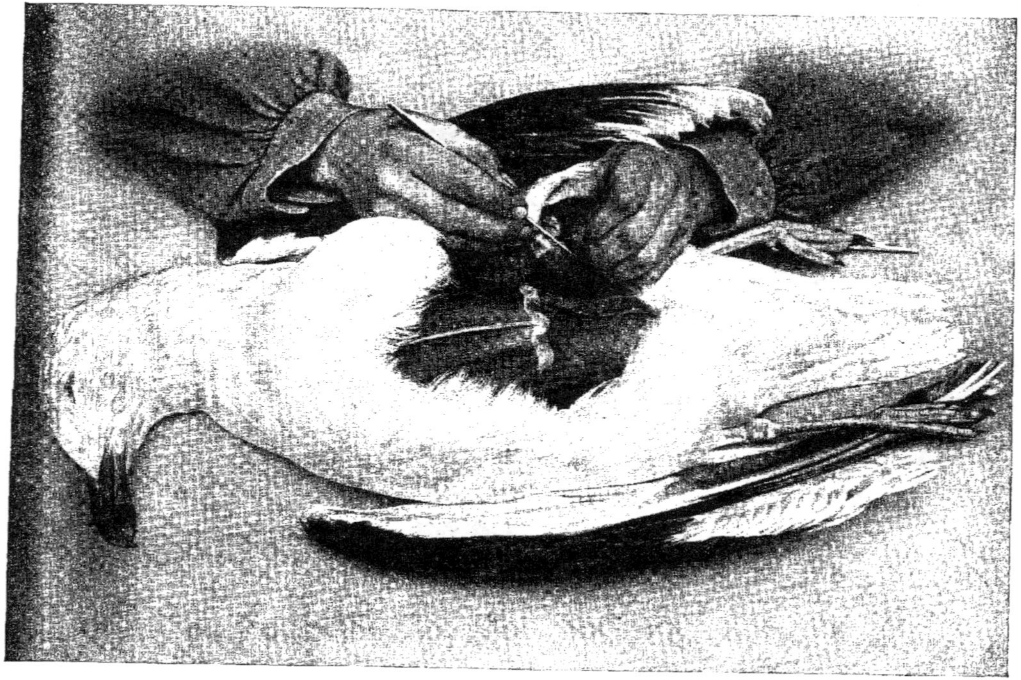

Dépouillage d'un Oiseau: désarticulation d'une cuisse.

Dépouillage d'un Oiseau: désarticulation des vertèbres caudales.

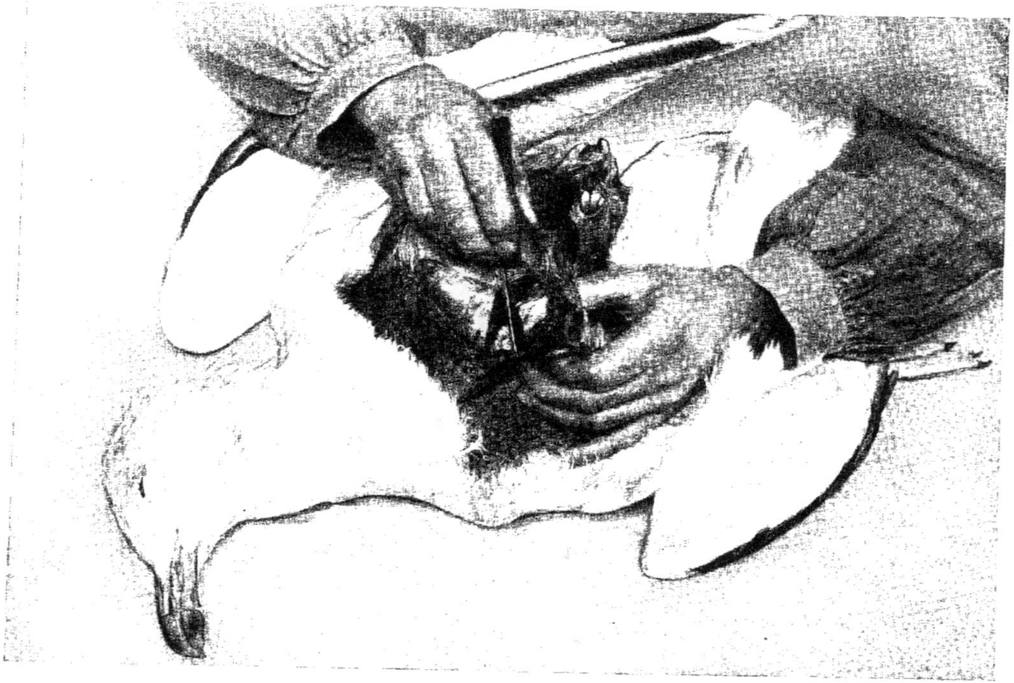

Dépouillage d'un Oiseau: désarticulation d'une épaule.

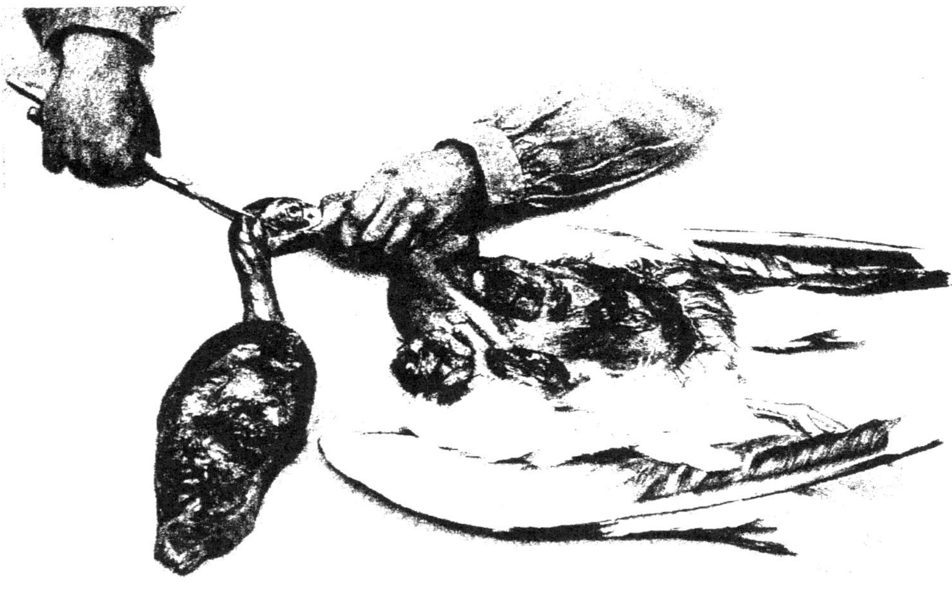

Dépouillage d'un Oiseau: section du crâne.

DIDIER ET BOUDAREL.

Dépouillage d'un Oiseau: nettoyage de la peau et des os.

Dépouillage d'un Oiseau: incision externe de l'aile chez les grands oiseaux.

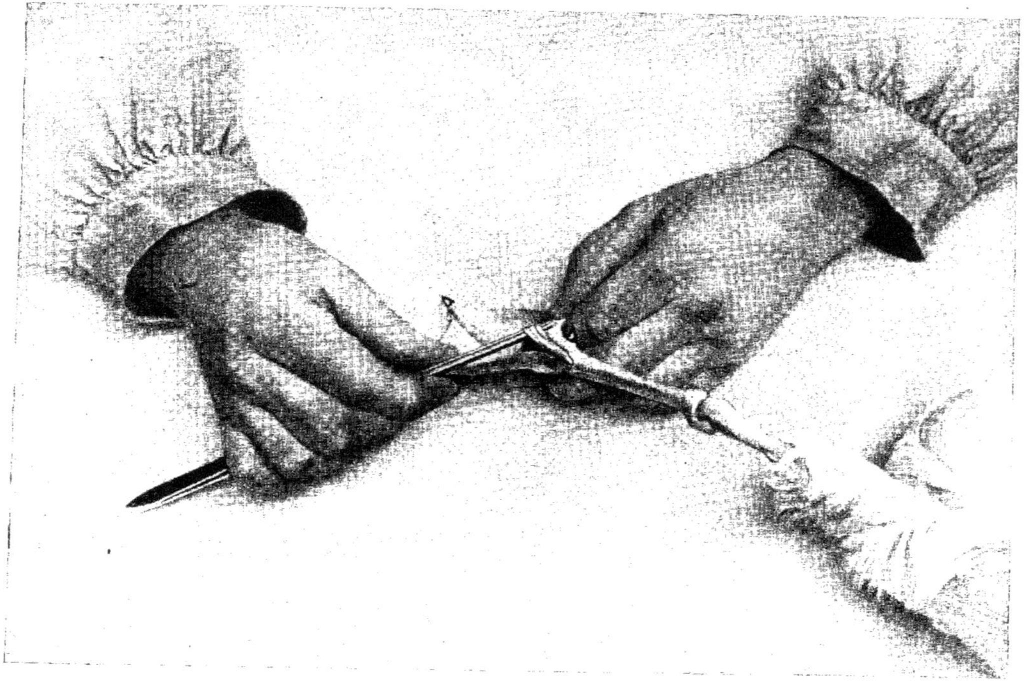

Dépouillage d'un Oiseau: extraction des tendons jambiers par incision plantaire.

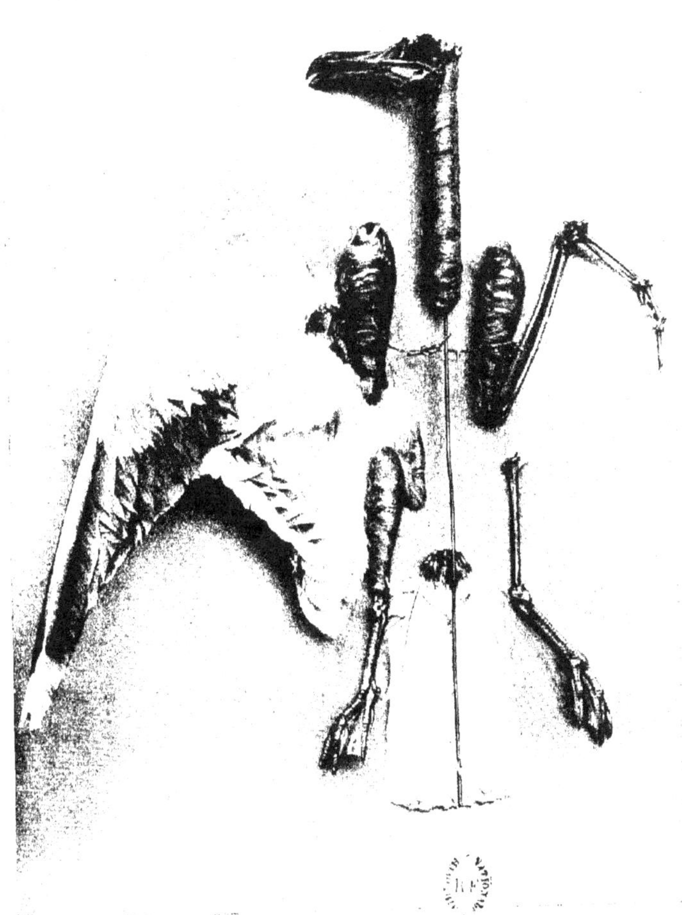

Schéma de l'armature pour la mise en peau d'un oiseau.

Oiseau mis en peau, avec sa bande de papier.

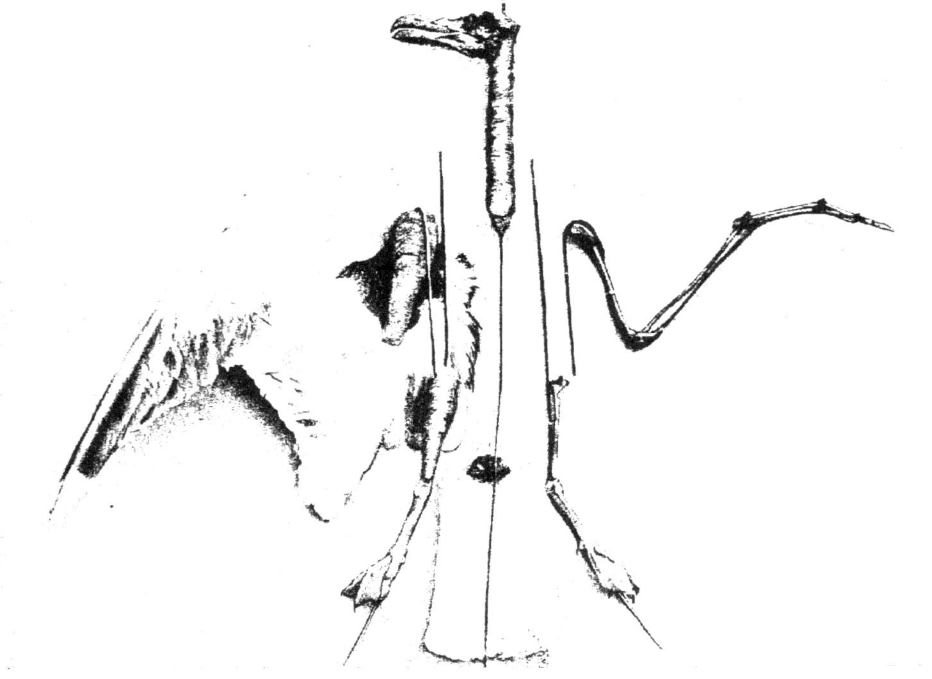

Schéma de l'armature pour le montage d'un Oiseau.

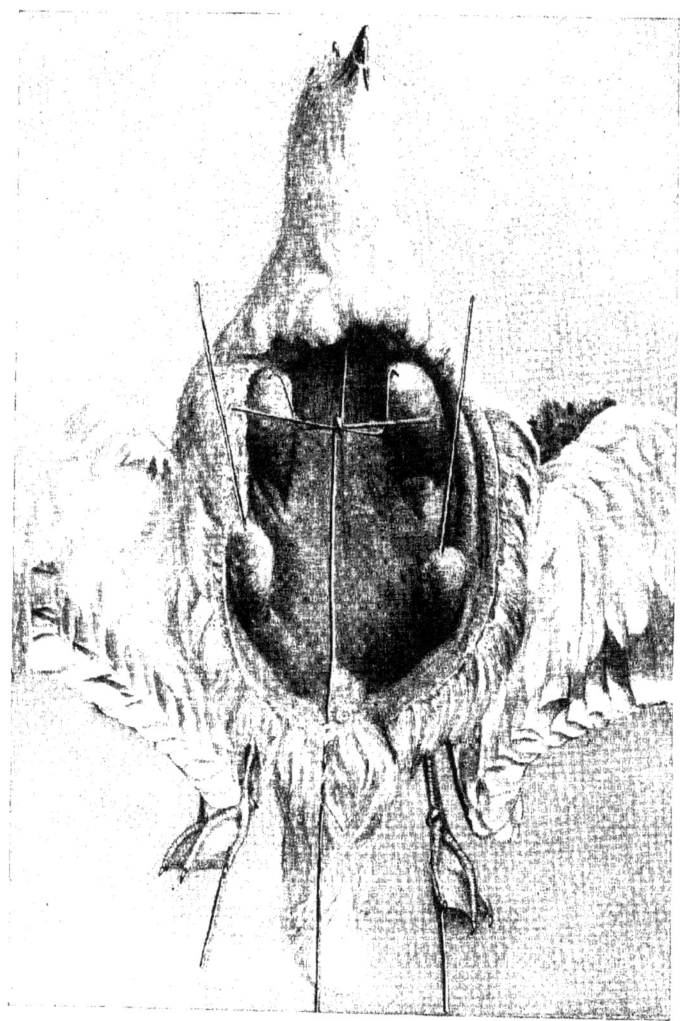

Premier temps du montage:
les fers des ailes sont passés dans l'anneau de la tige centrale.

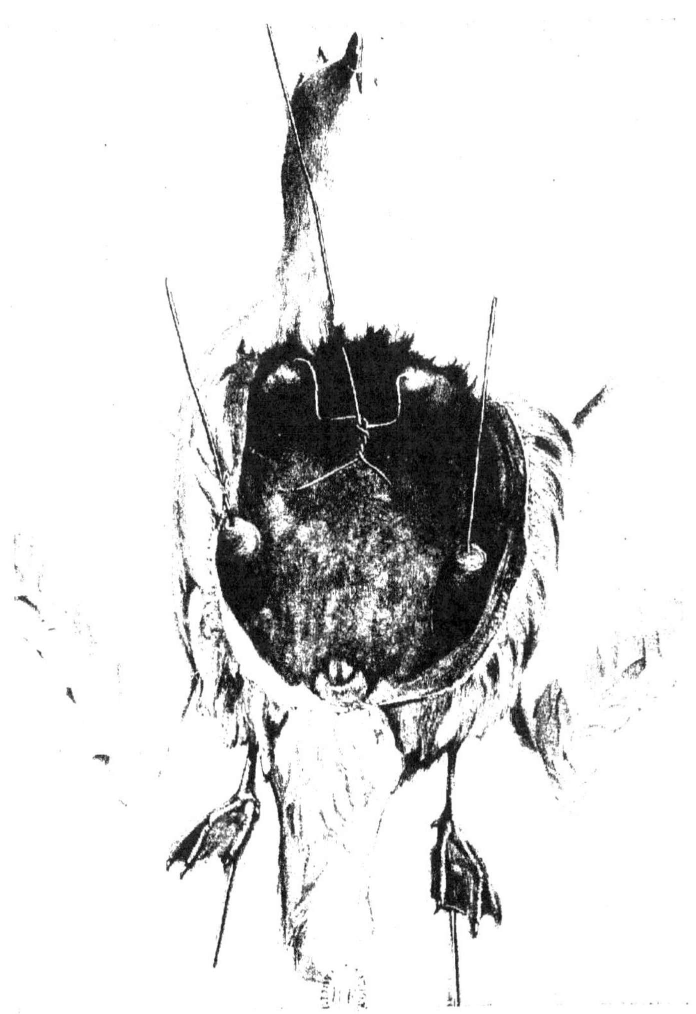

Deuxième temps du montage : torsion des fers des ailes.

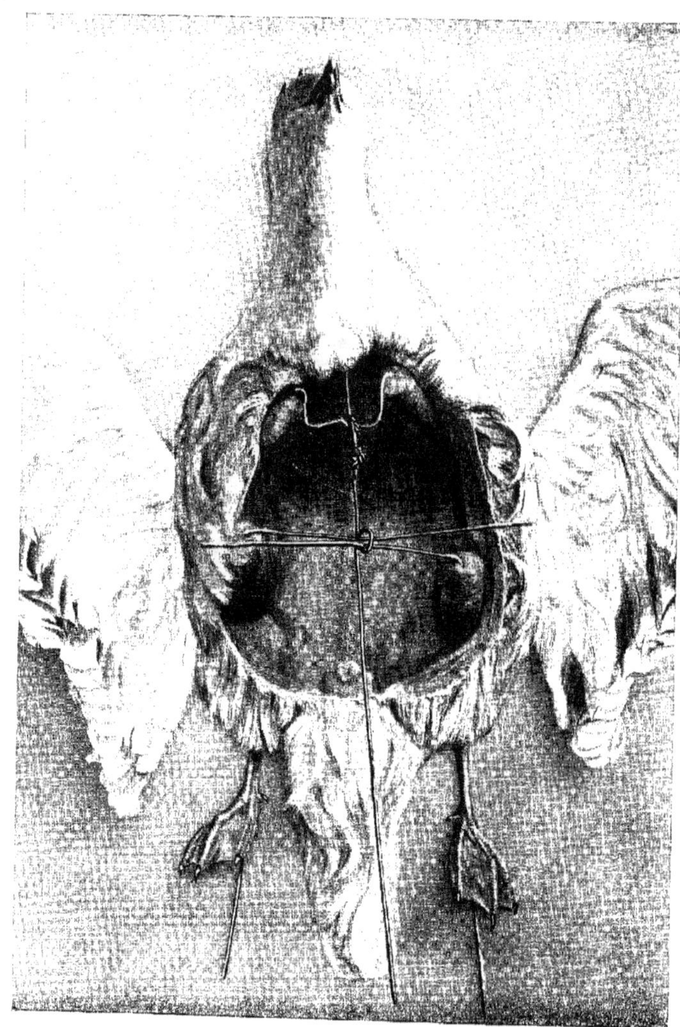

Troisième temps du montage:
les fers des pattes sont passés dans le deuxième anneau de la tige centrale.

Quatrième temps du montage :
torsion des fers des pattes et passage de la tige centrale
dans les vertèbres caudales.

Cinquième temps du montage:
construction du bassin: courbure des fers des pattes.

Montage terminé : Oiseau au repos entouré de ses bandes de linge.

Montage terminé: Oiseau au vol,
entouré de ses bandes de linge et de papier.

Dépouillage d'un Mammifère: incision cutanée.

Dépouillage d'un Mammifère: désarticulation des fémurs.

Dépouillage d'un Mammifère: dépouillage de la queue à l'aide du «tire-queue».

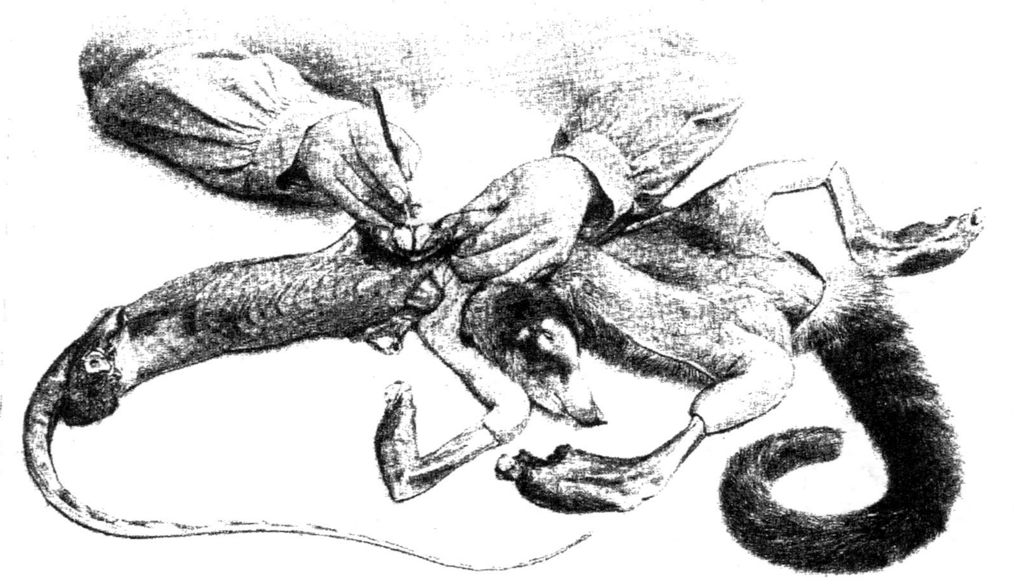

DIDIER ET BOUDAREL.

Dépouillage d'un Mammifère: désarticulation des épaules.

Dépouillage d'un Mammifère; désarticulation du crâne.

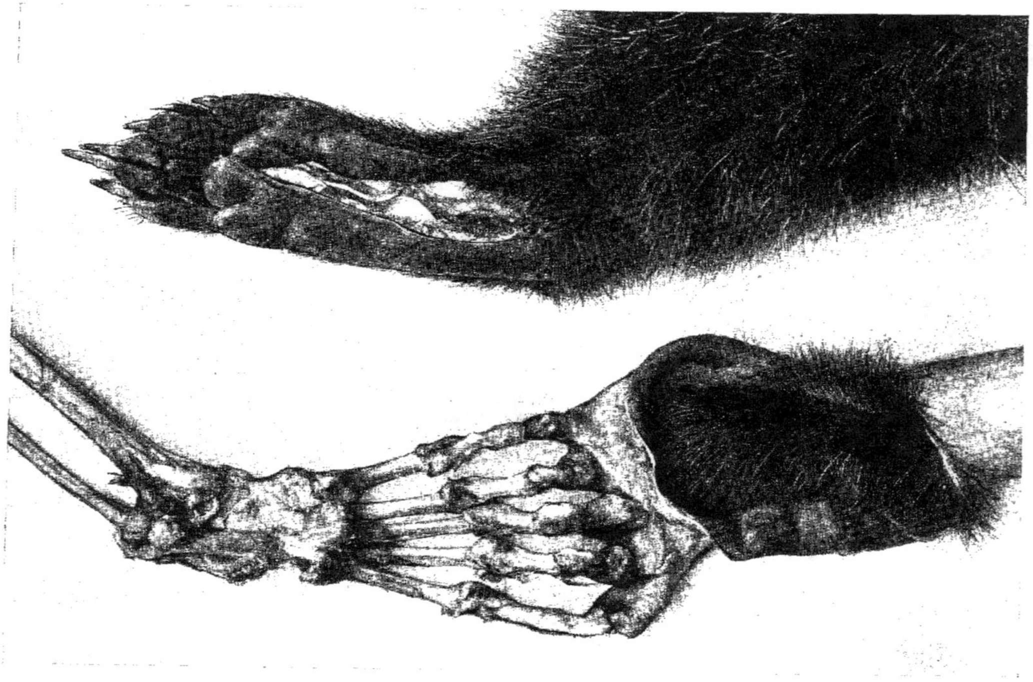

Dépouillage d'un Mammifère: incision de la plante des pieds et dépouillage de la patte.

Dépouillage d'un Mammifère: dépouillage des pattes et de la tête.

Position de l'animal pour la mensuration.

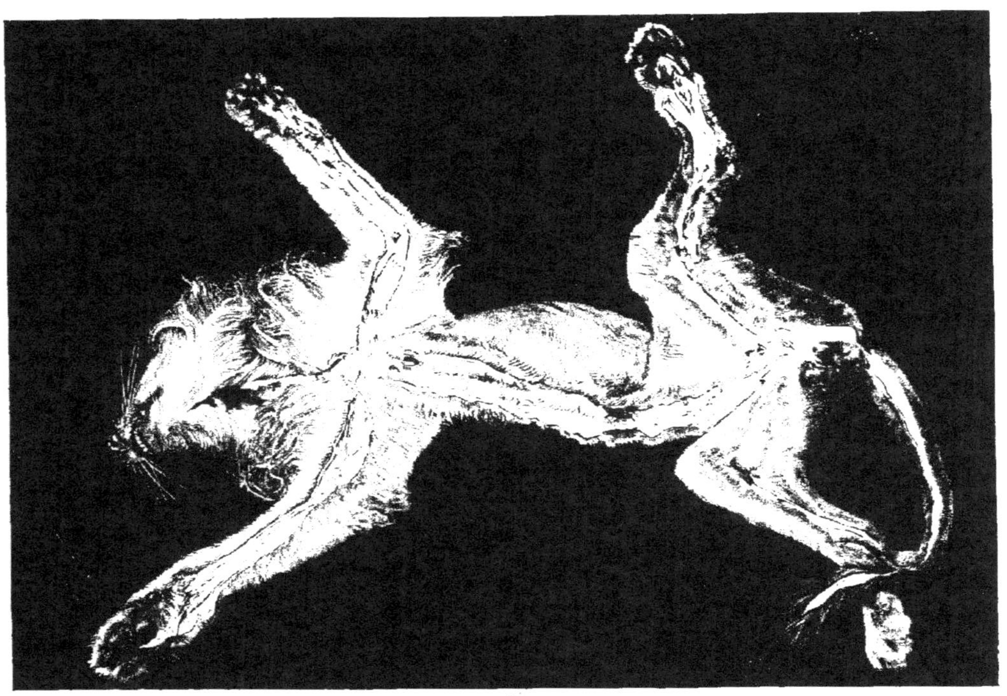

Lignes d'incision pour le dépouillage d'un grand Mammifère.

Dépouillage des oreilles, du nez, et dédoublement des lèvres
d'un grand Mammifère.

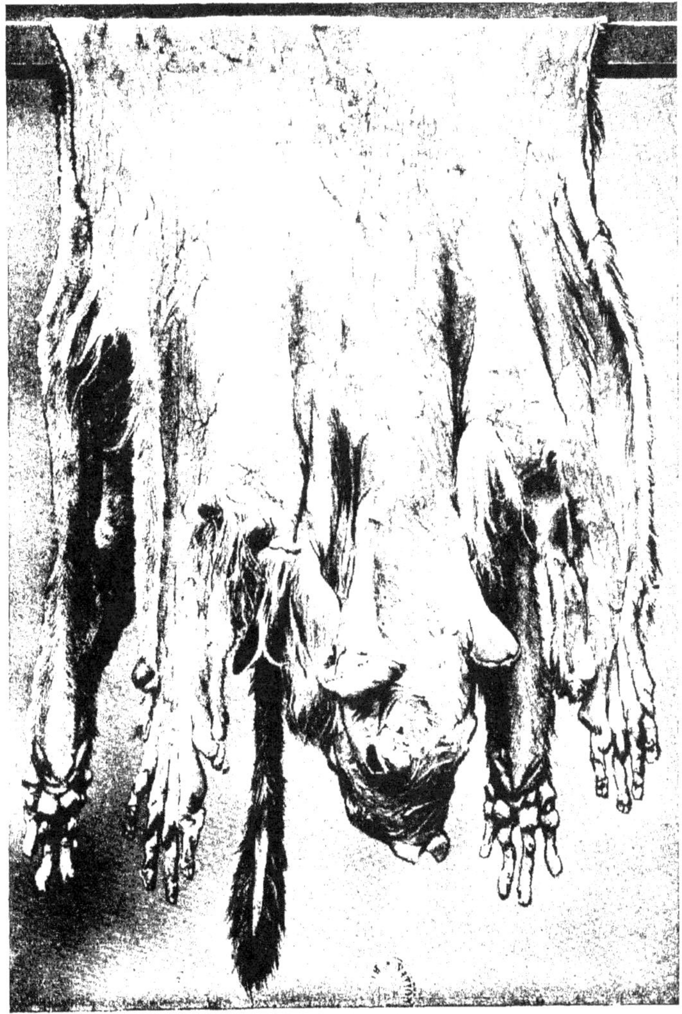

Peau d'un grand Mammifère placée pour la dessication.

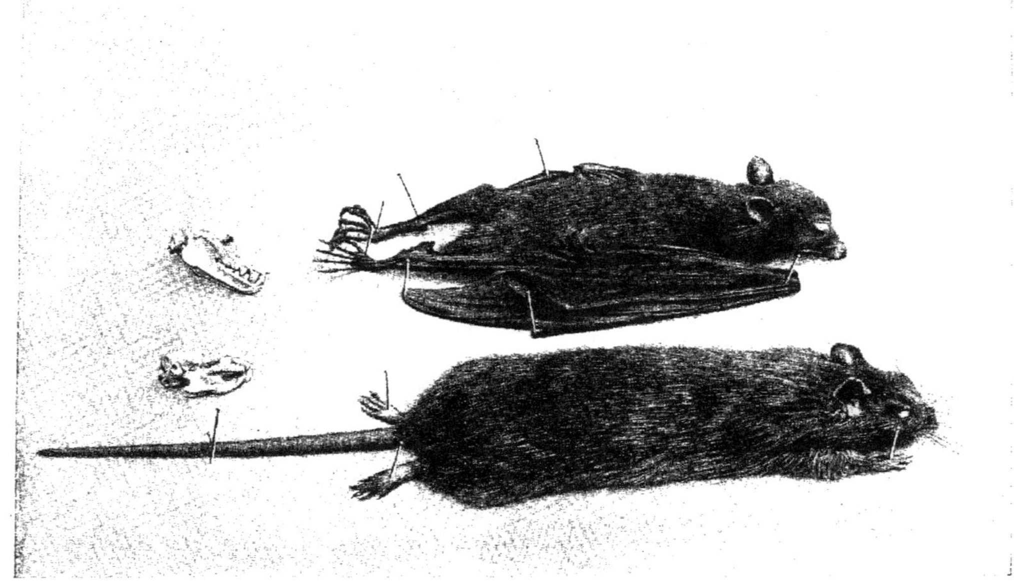

Mise en peau des petites Mammifères.

Montage d'un Mammifère : préparation de l'armature.

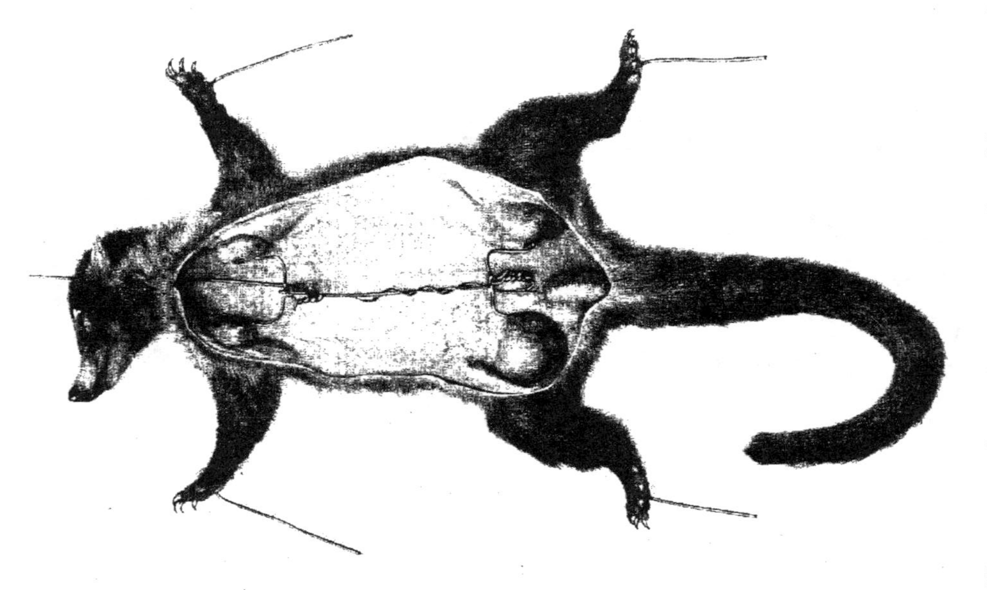

Montage d'un Mammifère: torsion des fers.

Montage d'un Mammifère; opération terminée.

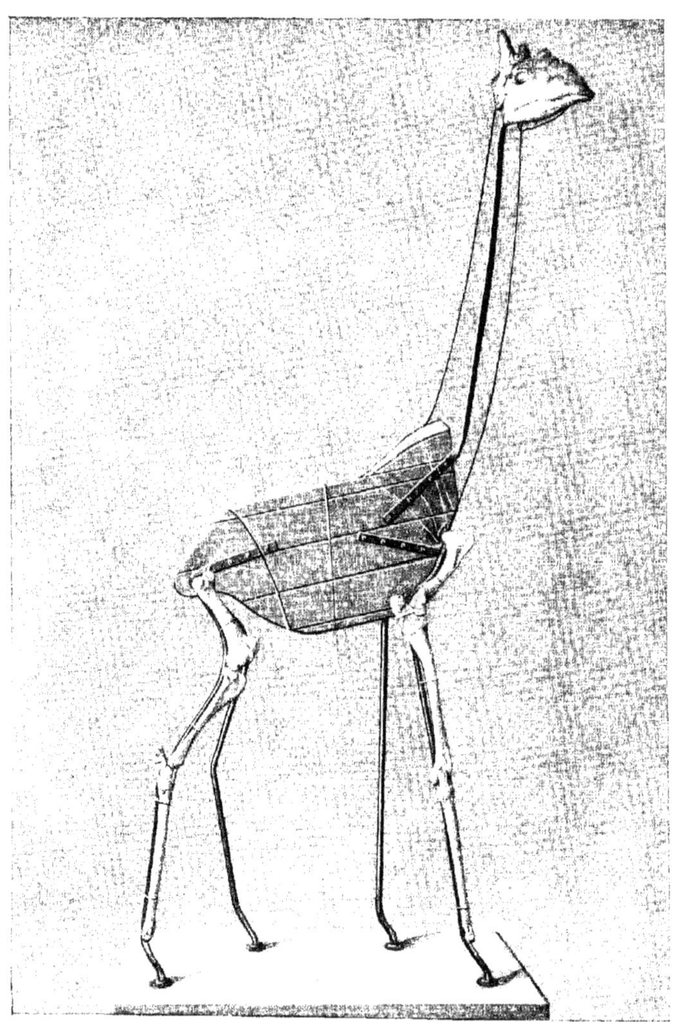

Montage des grands Mammifères: armature et silhouette.

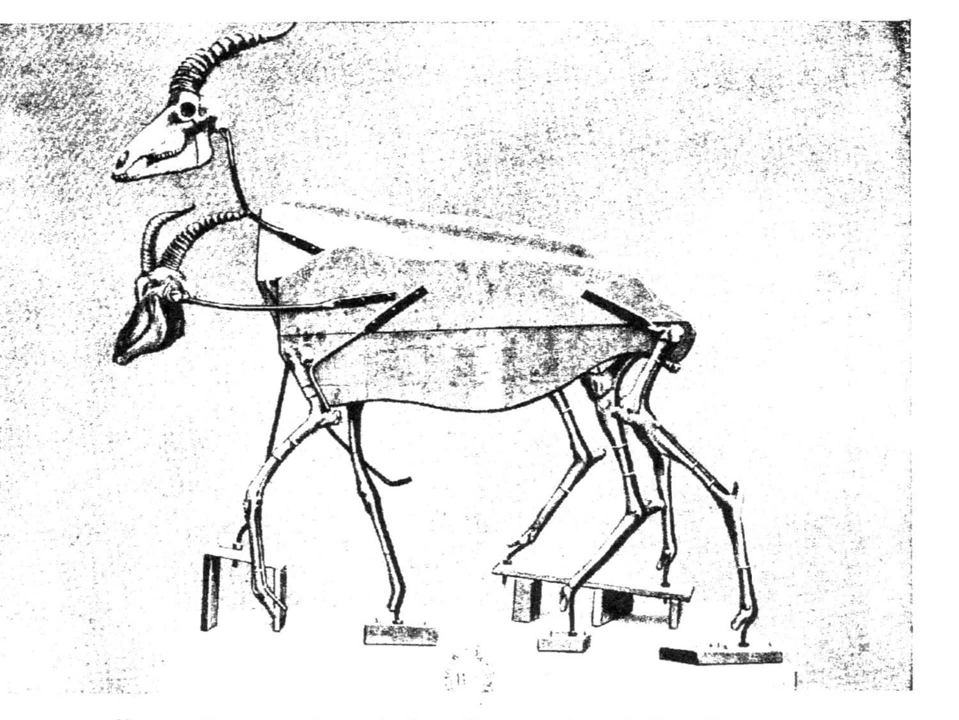

Montage d'un groupe de grands Mammifères: armatures et silhouettes.

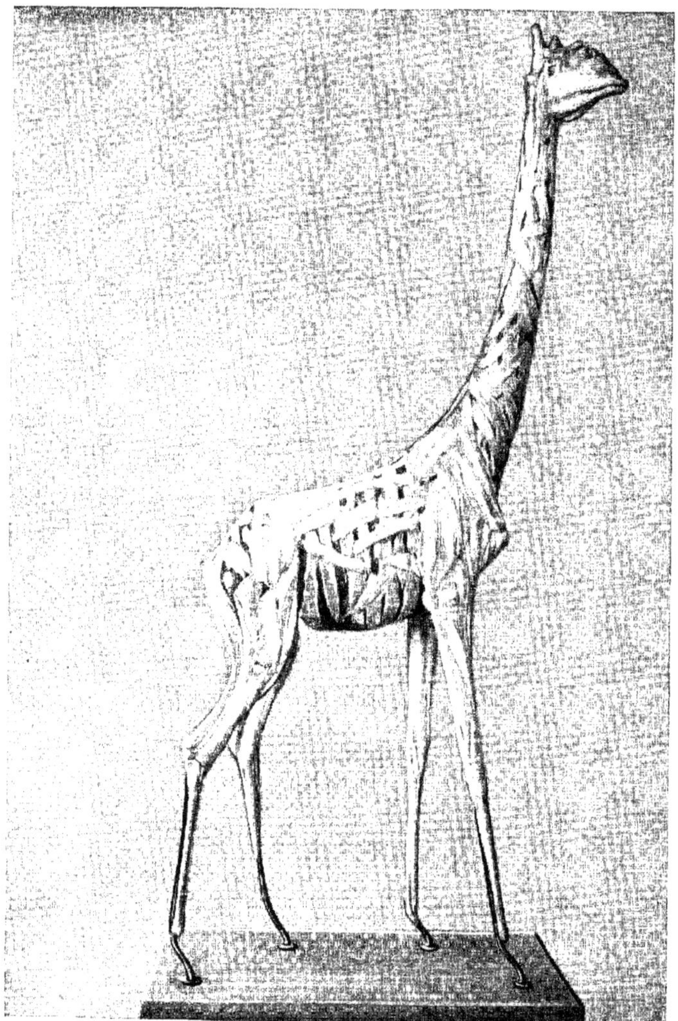

Montage des grands Mammifères: début du modelage.

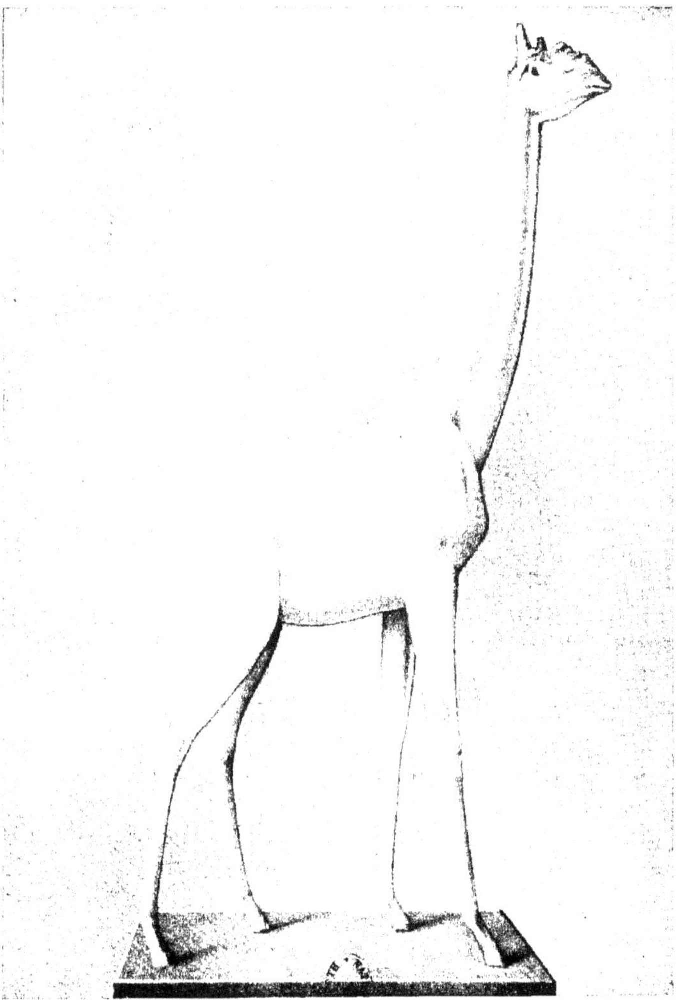

Modelage de l'animal terminé.

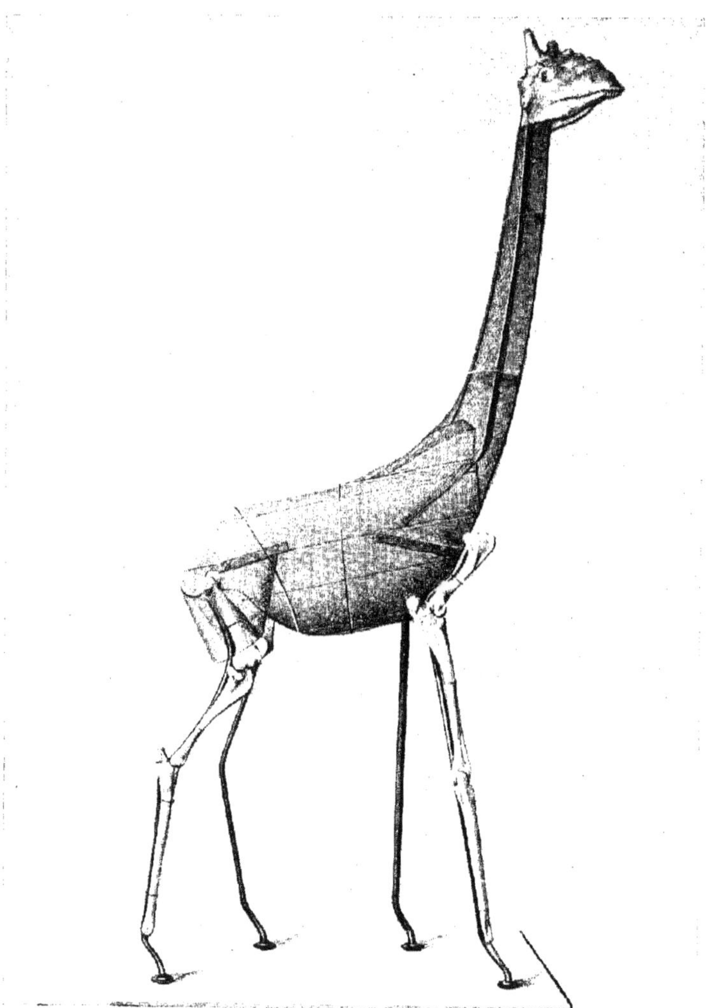

Montage des grands Mammifères: pose de la toile métallique.

Montage des grands Mammifères: pose de la toile métallique.

Modelage de l'animal terminé

Pose de la peau sur le mannequin en plâtre.

Pose de la peau sur le mannequin en plâtre.

Montage terminé.

Montage terminé.

TABLE DES PLANCHES.

TABLE DES MATIÈRES.

PAUL LECHEVALIER, 12, Rue de Tournon, Paris VI

Encyclopédie pratique du Naturaliste

I. *Les Arbres, Arbustes et Arbrisseaux forestiers* par C. L. Gatin.

II. *Les Fleurs des Bois* par C. L. Gatin.

III. *Les Fleurs des Prairies et des Paturâges* par E. G. Camus.

IV. *Les Fleurs des Moissons, des Cultures, des Bords des Routes et des Décombres* par E. Gadeceau.

V. *Les Fleurs des Marais, des Lacs et des Etangs* par A. Camus.

Chaque volume 200 pages avec 100 planches coloriées, cartonné fers spéciaux . . . . . 12 francs

VI. *Les Insectes et leurs dégats* par Dongé et Estiot.

VII. *Les Algues Marines* par E. Wuitner.

VIII. *Les Champignons* par Maublanc.

Chaque volume 200 pages avec 96 planches coloriées, cartonné, fers spéciaux . . . . . 15 francs